電気の正しい理解と利用を説いた本

石原 進 監修
永野芳宣 著

はじめに

私たちは、朝起きた時から寝るまで、一日中殆ど全てを《電気》に頼って生活しています。例えば……

目覚まし時計、ラジオ、テレビ、トイレのウォシュレット、冷蔵庫、電子レンジ、エレベーター、エスカレーター、バス、電車、パソコン、携帯電話と、これらは全て電気が無ければ動かない、あるいは使えません。

正に電気は、文明の利器です。だから、正しく電気の本質を理解しなければなりません。また、電気を使うには、使う人の品格が問われます。

今では、私たちは電気が無ければ、生きていけなくなっていると言ってもよいのではないでしょうか。

使っている電気が突然消えたら、全く何も出来なくなります。

特に日本人は、電気がたった3分間停電しただけで大騒ぎし、「電力会社は何をしてる！」と怒鳴り込むのです。逆に欧米人は「電力会社が一生懸命復旧作業をやっているよ」と、多少の停電は我慢します。

この本は、日本人の将来が、いっそう《電気》に頼る高度な文明の世の中になるということを中心に、その課題を正しく理解しようという目的で書いたものです。

もちろん、電気のことだけではなく、この本で述べる基本的なことは、電気以外のエネルギーについても、当てはまることだと考えます。

「目次」に示した通り、十二回に分けて説明しています。

前回発行した「クリーンエネルギー国家の戦略的構築」は、お陰さまで多くの方から、よくこのような中庸を得た本を出してくれたという、高い評価を頂きました。

しかしながら、どちらかというと専門家を対象にしたような内容であったこと、また多くの課題を入れ込み複雑過ぎたこと、さらに図表等が小さくて字が読みづらいこと、などのご指摘も頂きました。

そこで、私ども「二十一世紀型寺子屋研究会」では、もう一度課題を整理し直し焦点を絞ってみました。そして時宜にかなったものに再整理し、もっと判り易く出来ないか種々考えてみました。

私たちの真剣な悩みは、現在のエネルギー政策論議が、歴史と文化を踏まえ、かつグローバルな将来の在り方を見据えるという、正鵠を得たものに成っていないということです。

このため出来れば、早々に再度出版した方が良いということから、前回同様に石原進が監修し、今回は永野が責任を持って執筆することと致しました。

電気の基礎知識をも踏まえて、課題を中庸に整理したつもりです。

今や日本人は、水や食料と同じく電気がなくては生きていけません。その電気料金の値上げ反対の風潮が高まっています。だが、国民が選んだ政治家の方々が、現在のところ製造コストが最も安い五十基四千万ＫＷ以上の原子力発電を止めて、コストが現に高い太陽光発電や火力発電などを使う政策を取っているのが、値上げの主因なのです。もちろん今後わが国の重要な資源として太陽光など自然エネルギーを徹底的に追求する必要がありますが、現実を忘れてはなりません。

二〇一二年六月十八日

監修　石原　進
著者　永野芳宣

目次

第1回
《電気》も商品→だが最低これだけの基礎知識が必要

私たちは電気のことについて、特にその電気という商品の特性に関して、それを殆ど知らないで、ただ《便利だ》と思って使っているのではないでしょうか。

スイッチを押して電灯を点けたり、パネルにタッチして電子レンジを利用したり、あるいはパソコンを立ち上げるために電源を入れたりするだけで、電気は直ぐに利用できます。

ですが、電気という商品は、他のものと違って《生きた材料》なのです。大変恐縮ですが、電気を使うには（その商品の特性から）少なくとも、次のことを知っておいてください。

先ず、第1図をご覧ください。

{第1図}≪電気≫を購入するための〔5段階の仕組み〕

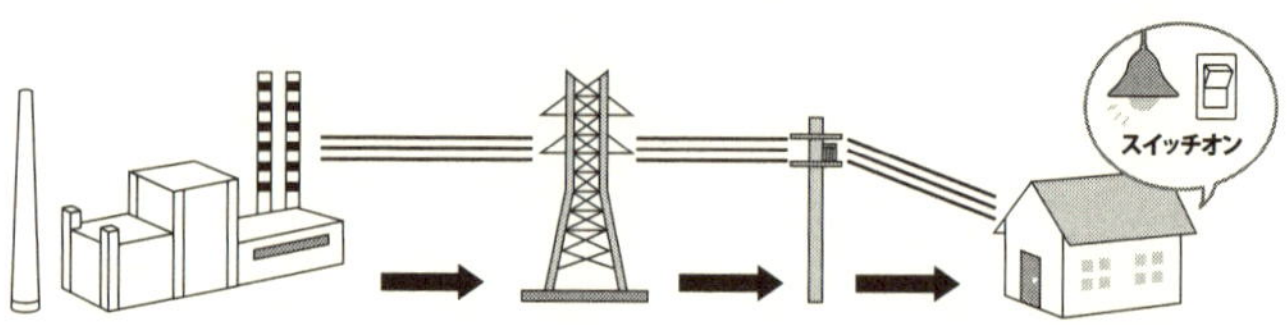

（1秒間　三十万kmのスピード処理）

①スイッチ・オン　←＜電気＞購入要請

②「給電指令所」　→　要請伝達　→　（発電所）

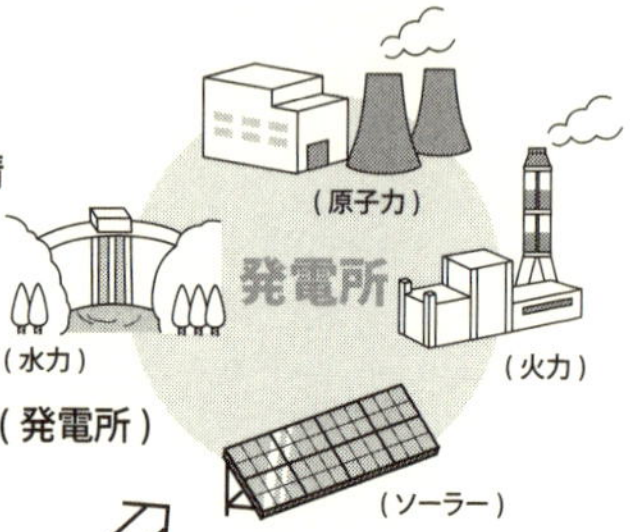

③発電所　<<電気>生産開始>

④＜電気＞のお届け　＜電気送電＞

⑤＜配電線＞　指示通りの＜電気の購入＞　→　事後電気料金の支払い

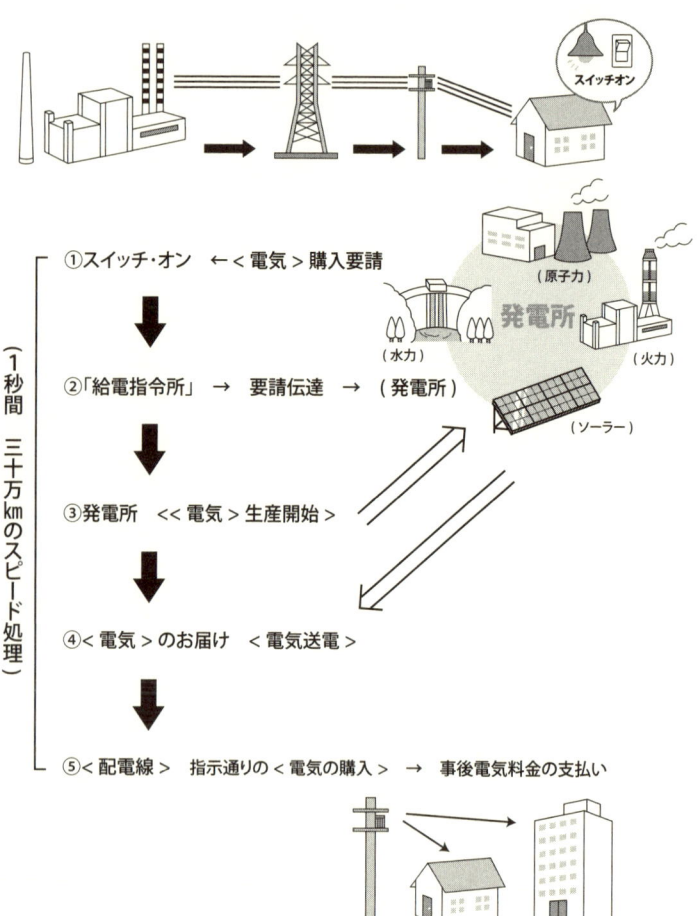

仮にあなたが、今電気を使うために《スイッチを押した》としましょう。すると、以下の①から⑥までの仕事が、1秒間に三十万ｋｍすなわち地球を7周半する超高速で行われ、電気が点く（購買が成立する）のです。このことを、是非忘れないでください。

①「スイッチ　オン」の命令（購買要請）に従って↓

②あなたの購買要請が↓電力会社の〔給電指令所〕に行きます。

③↓給電指令所は猛スピードで↓〔発電所〕（電気の生産工場）に直ぐに生産し↓それを〔送電線〕であなたに届けるように伝言します。

④送電線は↓〔変電所〕を通じて《あなた以外からも沢山の要請がきていますので》↓それを整理して〔配電線〕に（あなたの要請どおりの電気を）直ぐ届けるように伝えます。

（注）〈電気〉は、物理的に一方向に向かって流れます。しかし最近では「送電線」は、たくさんのお客さんが多様に使うため、〔送電容量の1割程度〕は、逆流しても問題にならないように、設備を補強してあります。

⑤→配電線が漸く、ご自宅の〔配電盤〕を通じてスイッチを押したあなたに電気を届けるわけです。

（注）一方「配電線」は、お客様に対して〔電気は安定的に一定方向に流れるように設計〕してありますので、《電気が逆流すること》は考えていません。すなわち〔電気の潮流〕は、一方向に流れるように設計されています。

よって、このたび自然エネルギーの設備（太陽光発電など）を、お客さんが導入されると、発生した電気を電力会社が全量買い取ることが決められました。この場合は、「電気の逆流」が発生しますので、双方で安全対策を行う必要が在ります。

こうして、この5段階を、《生きた電子》が僅か1秒間に地球を7周半する三十万ｋｍのスピードで行うというのが、電気という　商品の特性です。

この電気という商品の特性は、未来永劫変りません。

◎最近、この5つの連携を別々に切り離して、もっと《電気を便利に利用しよう》

という発想があります。

しかし電気という商品の特性から、どう考えても切り離すことは無理な話です。

特にこのことは、電気が《基礎的な生活必需品になっている現在》大変重要な課題です。

したがって《電気》も、他の品物と同じように〈購入する商品〉ですが、但しコンビニエンスストアーやデパートなどで買う〈陳列してある商品〉とは、全く違うわけです。

そこを十分に理解しないで、「電気の設備も部分管理して、ゲームを行うように競争させれば、今までの独占的状態から開放されて、電気の売買を通じてもっと経済活動が活発化する」というような意見を述べる方が居ます。

だがこうした主張は、上述したような「電気の特性」を理解していない、言って見れば大変無茶苦茶な、ゲーム感覚的な意見です。

とても、理解に苦しみます。


また、電気という商品は、誰もが出来るだけ低価格で、利用出来るようにしなければならない《公共物》の一つです。

しかも、この公共物は空気と同じで、〔見ること〕は出来ません。〔匂い〕もありません。

しかし強大なエネルギーを持っています。

このために、使い方を間違えると電気のエネルギーでショックを受け、下手をすると命を落とすことにもなりかねません。


また、デパートで買い物をするように、品定めをして購入することは出来ません。

逆に電気が必要なときには、例えば「ただ、スイッチを押す」だけです。

携帯電話やパソコン、あるいはテレビやラジオなどを使おうとする時、その瞬間に私たちは「電気という商品を購入する」のです。

すなわち、電気という商品を買う契約は、スイッチを押した瞬間、瞬時に私たち消費者が、電力会社に申し込みをし同時に購入したことになります。

なにしろ、電気という商品の動くスピードは、先ほども述べましたように地球を一秒間に七周半する速さですから……目もくらむような速さで〈生きた電子というイオン・エネルギーが〉動き、役目を果たしているのです。

このように《電気》は、生きている「イオン」の働きを商品として、私たちは買うわけです。

コンビニエンスストアーやデパートに並んでいるような、じっと静止している〈或いは新鮮だがほとんど生きていない〉商品とは全く異なります。

しかし、何時でも電気を使うためには、直ぐ傍に《スイッチ》が無いと使用出来ません。

｛第２図｝「電気」という商品とコンビニエンスストア等で買う商品の違い

◎コンビニエンスストアで買う商品

製品として売る　→　見える (新鮮だがほとんど生きていない)

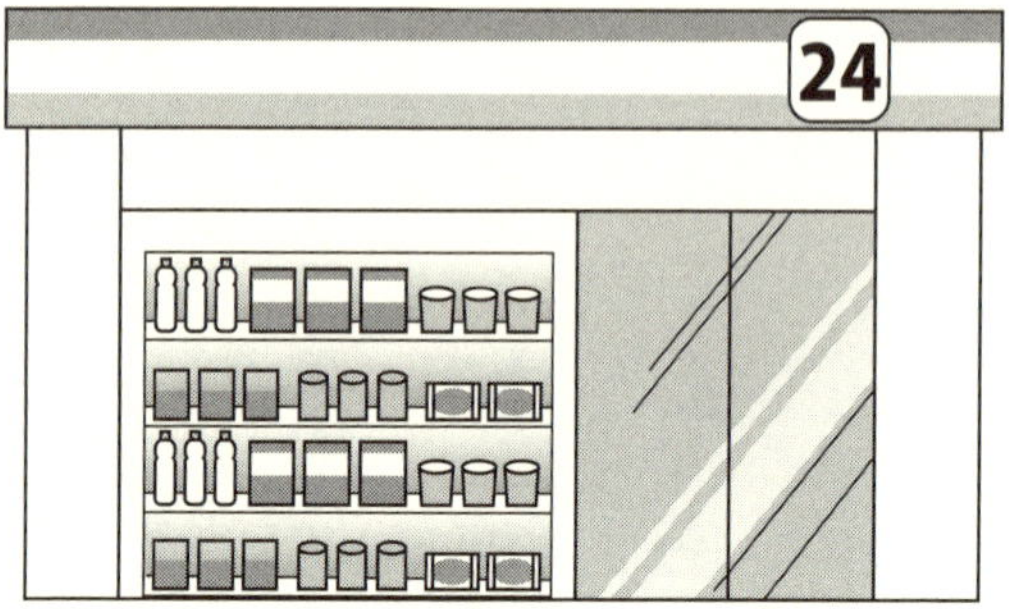

◎発電所で生産した「生きたエネルギー」を商品として買う。

イオン電子エネルギーを売る　→　見えない < 電気 > は、生きている

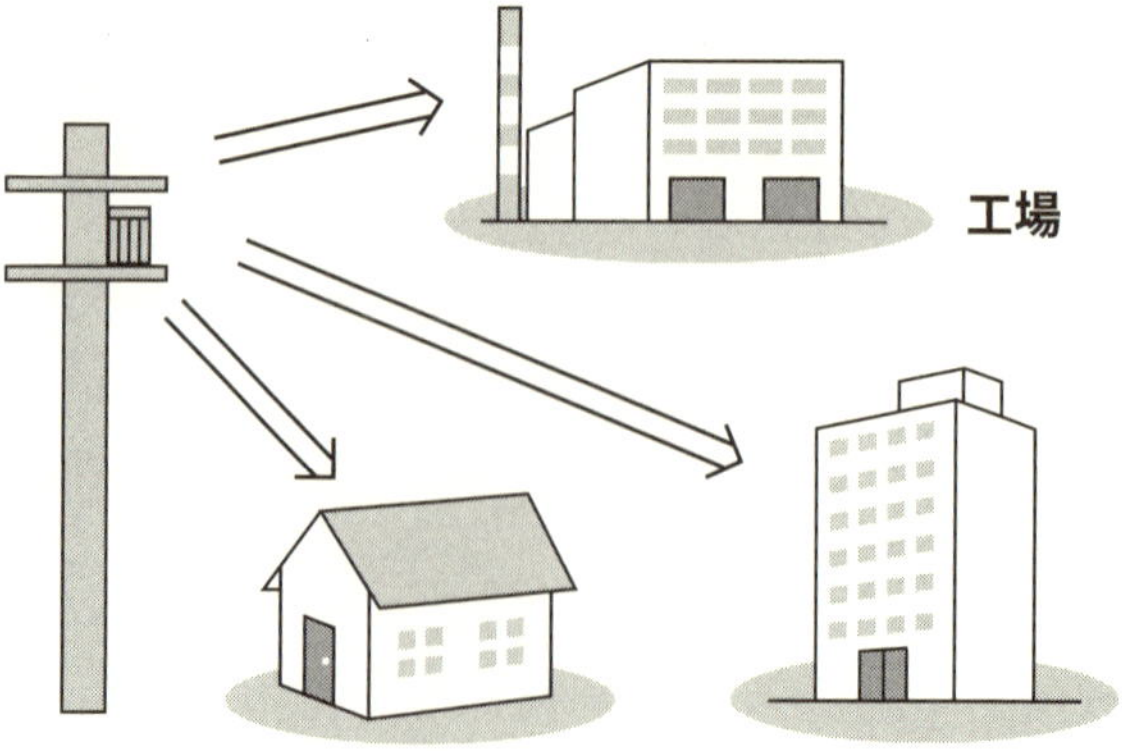

また、電気を生産し供給する電力会社の方は、みんなに何時でも電気を使って貰えるように、生産活動のスタンバイをしておく必要があります。

このため電力会社は、雨の日も風の日もトップの役員から、設備の管理や発電所の運転をしている若い技術者や、お客様にサービス活動をしている従業員まで、全員が、懸命にその役割を果たそうとしています。

電力会社の従業員は、休日に家族と遊園地に出掛けていても、何時も気を張り詰めています。

お客さんから、注文が来れば即座に役割に応じて対応します。

こうしたことは、外には見えません。

大変判りにくいですが、私たちは懸命に役割を果たそうとする電力会社に期待しています。

それは、《電気》が間違いなく〔水〕や〔食料〕と同じように、生活必需品だからです。

……ですがお客さんである国民は、普段そうした電力会社のことなど、完全に忘れていると言っても過言ではないでしょう。

しかし、いったん電気が停まったら大変です。

日本国民は、生来待つことが嫌いな民族的習性を持っているようです。

例えば、「はじめに」のところで述べたように三分間も停電すると大変なことになります。

本当は、スイッチを押すごとに電気の購入契約をしている相手が電力会社ですが、それを普段は忘れている状態が当たり前になっています。しかし、実際にいったん《停電》すると大変な騒ぎになります。

大騒ぎになるということは、それだけ毎日便利に電気を使って生活をしているという証拠です。

このように、水や食料のように《電気》が今や間違いなく、日本人が生きていくための基本的材料（公共物）に成っているという認識が必要です。

基本的材料は、コストが安く従って「使用料金」が低廉でなければ、成り立ちません。

コストが高いと、電気代はもちろん全ての価格が上昇するでしょう。

幾ら良い商品が出されても、価格が高ければ商品はごく一部の人たち以外には使って貰えません。

従って、本来私どもは公共物である《電気》は、「安く提供すること」が必須条件なのです。

中国などの新興国では、国が電力会社に補助金を出して、電気料金を安く売るように指導しているのは、料金が高くては、使えないからです。

だから、その安い《電気》が使えないとなると、大変な事態になるのです。

その大騒ぎが、東日本大震災で本物となりました。

安心して使っていた原子力発電の「電気」についての認識が、あの3・11発生の瞬間、すなわち、「福島第一原子力発電所」の事故の発生で、状況が一変したのです。

少なくとも五十km圏内に日本政府の暫定基準値（一人当たり百ミリシーベルト）を、一時はるかに超える放射能が発生した事実がマスコミを通じて伝えられました。

原子力の安全神話が崩壊し、《原子力》は【悪者】だと決め付ける〈風評〉が、政治のトップから流されそれを、マスコミが増幅しました。

しかし良く考えて見ますと、日本人が既に立派な文明国の人間だから、電気や原子力についてもっときちんと判断が出来るはずです。原子力が生み出す電気は、決して【悪者】ではありません。

一方今でも、アフリカの奥地に住む人たちは、電気を使うことさえ出来ません。

この電気を、使えるかどうかの違いが如何に大きいかは、想像に難くありません。


『電気にはそれを起こすエネルギー源が要ります』

ところで、電気は空気や水と違って、自然に漂ってはいません。食料品のように、ストックしたりすることは不可能です。

だから、電気を使うにはそれを作り、そして電気を起こし即座に届けるためのエネルギー源が要ります。


国内に、石油や天然ガスなどの《資源》をほとんど持っていない日本の場合、電気を起こすエネルギー源を、何に頼るのが最も良いのか、私たちの先輩は長年に亘って熱心に考えて来ました。

◎明治維新で世界に先駆け《電気》を導入した日本は、アジアで唯一〔先進文明国〕になりました。

｛第３図｝わが国のエネルギー選択の厳しい道程

年次	変化状況	チャレンジ
1868年(明治維新) 1879年(明治12年) →	「電気」による近代化に着目 ↓ 〔人口増〕と 〔電灯と電力の同時必要〕 ↓ 近代工業化 →	◆繊維工業 ◆銅、鉄などの鉱業品 ◆生系産業
1900～1925年 (日清・日露戦争→ 中国への進出)	資源は、水力と石炭 ⇒海外資源着目 → ↓	先進国（欧米）に倣って 殖民地（朝鮮・満州）の エネルギー資源（石炭など） の開発
1925～1935年 第一次世界大戦	工業、製造事業の発展	
1941～1945年 第二次世界大戦	資源エネルギー(特に石油資源)の獲得競争に失敗 → ↓ (敗戦)	◆領土、資源の全てを失う ◆原爆による精神的打撃 ◆軍事力の喪失 ◆生産手段の大幅減
1945～1960年 戦後復興	「電気」の急速復旧による 再近代化への前進 石油資源の低廉な輸入	◆欧米諸国との協調 ◆日本型企業経営の成功 ◆ジャパン・アズ・ナンバーワンへ
1984年 (オイルショック) 殖民地諸国の独立	ＯＰＥＣの挑戦 ◆石油資源高騰 ◆原子力開発等による低廉な「電気」の確保 ◆地球温暖化対策 ↓	◆石油、天然ガス、石炭などの高騰 ◆省エネルギー運動 ◆低廉かつCO_2の無い原子力開発推進
2000年以降 →地球温暖化の克服	<福島原発事故発生>(2011.3.11) 脱原発か原発活用か ↓	◆自然、再生エネルギーへの指向 ⇒コストの高い＜電気＞は公共物ではない
2012年　現在	無資国日本再生の岐路	◆⇒原子力の推進は必要 ◆世論をどう変化させるかへの挑戦

但し、電気を作り出すエネルギー源に乏しいわが国は、水力、石炭→海外資源獲得へと苦心惨憺しました。

明治以来、国内に豊富なエネルギー資源を持っていない日本は、海外から安い資源を輸入ないし資源を確保するしかないと思ってきました。

国内に僅かに在った石炭資源を開発し、それを元に火力発電を進めました。

次いで、川の水を利用した水力発電の開発を手掛けました。

さらに今度は、世界中で石油資源が開発されると、安い石油資源を輸入しそれを主力とする火力発電時代に入りました。

ところが、それが崩れたのが石油資源を持つ産油国（これをＯＰＥＣといいます）が、彼らが植民地から国家として独立すると……

次第に「石油採掘の利権を返して貰いたい」

←

同時に「石油の価格を引き上げてもらって」

←

それによって、自分たちも豊かに成りたいと言い出したのです。

今から、約四十年前のことです。

こうして、急激に石油の値段が上がりました。

そうした要求を、誰も止めることは出来ません。

こうなると、国内に資源が殆どなく海外からの輸入に頼っていた、日本の国民と企業は生産コストが急激に上昇して悲鳴を上げ始めました。

そこで、登場したのが《原子力発電》でした。

（注）少量のウランで、大量の電気が生産出来る正に、夢の新たなエネルギー資源という評価でした。

しかも、この頃「地球の温暖化問題」が発生しました。

石炭や石油や天然ガスなどの、いわゆる化石燃料から出る炭酸ガス（ＣＯ２）が、地球温暖化の主な原因と言われるからです。

省エネルギーが叫ばれ、ＣＯ２の出ない原子力発電所がこれからの電気を作る発電所としては、わが国の場合最も必要なものだといわれて来ました。

二〇一二年三月十一日の東日本大震災で、福島第一原子力発電所がツナミの災害を受けて、運転は幸い停止中でしたが……

原子炉がひび割れし、二十六年前運転中に事故を起こしたウクライナのチェルノブイリ原子力発電所の事故と同じく、レベル5から7の極めて深刻な事故だとの判定を、国際原子力機関（ＩＡＥＡ）が行いました。

こうして今、わが国はこれからどのような《電気》の生産手段を持つのが、最も妥当なのかが問われております。

但し、あの悲惨な事故が発生したとき、政権を担当していた民主党政権のトップたちは、原子力を
〈重要なエネルギー源〉から外し
〈再生・自然エネルギー源〉中心へと、正に一夜にして転換したのです。

そこで今回この本では、何が重要なのかをしっかり突き詰めています。

｛第４図｝日本が使うエネルギー資源の３つの主体

項目＼種類	第１ 再生・自然エネルギー （風力・太陽光・地熱・小水力・バイオなど）	第２ 原子力エネルギー	第３ 化石燃料（石炭・石油 天然ガスなど） 水素エネルギー
品質	◆自然条件に影響される。 ◆「電気」としての品質は、今後の技術力の向上次第。	◆連続運転が可能であり、品質は極めて安定的。 ◆大量生産を行えば、品質も向上。	◆天然ガスはシェールガスなど新たな資源が戦列に加わる。 ◆技術開発により品質は向上。
供給力	◆風力・太陽光ともに稼働率 10 ～ 15%程度。 ◆生産工場の面積が莫大。 ◆自然の美をおびやかす。	◆１基 100 万 kw 以上と稼働率の向上により、大幅な供給力の確保可能。 ◆発電所の全国展開により、安定確保。	◆シェールガスなどの発見で供給力は充分あり。 ◆20 年後、30 年後を目途とした自主開発が遅れている。
コスト	◆太陽光 10 年後 30 ～ 40 円 /kwh ◆風力 15 ～ 20 円 /kwh ◆その他約 20 円 /kwh	◆核燃料の処理を含め、10 円 /kwh 以下でコストは最も低廉。 ◆再処理コストも吸収可能。	◆円高傾向や OPEC の値上げなどで、一層コストは高騰していく。 ◆コストは、CO_2 除去対策などでより高くなる。
CO_2 対策	◆起動に化石燃料を使うためゼロではない。 ◆自然エネルギーの電力は CO_2 ゼロ。	◆CO_2 を出さないこと。 ◆事故を最小限に抑える。	◆CO_2 を地中に埋めもどすなどの高コストの対策はこれから。
課題	◆小規模はまぬがれず。 ◆蓄池技術や、パネルの新規開発など長期的な課題あり。	◆国民世論を転換し、原発推進に向かわせるための困難な作業あり。 ◆今後の原子力安全対策の確立。	◆水素エネルギーとしての活用が今後の大きな課題。 ◆基本的にはエネルギー源としての利用は、行わない方向性への転換をどう割り切るか。

〔第4図〕を見ながら、説明しましょう。
その《資源》ですが……三つのポイントが在ります。

〔第1のポイント〕
《再生エネルギー》といわれる、太陽光発電や風力発電に依存すれば良いのだろうか。そうしたものに、自分が使う電気を依存してしまう進め方で、本当に安心できるのだろうか。

〔第2のポイント〕
一方《原子力発電》は、放射性物質がばら撒かれて危ないから、止めてしまおうとしております。それが間違いなく、正しいことなのだろうか。

〔第3のポイント〕
それとも値段は高くても、石油や天然ガスや石炭など《化石燃料》を、海外から輸入するしか無いのか。
この場合、発生する炭酸ガス（CO2）の除去は大きな問題ではないのか。
……などなど、真剣に考えてみる必要があります。

{第5図}

日本が世界に示している国際的約束

↓

①2020年までに「国連気候変動枠組み条約第17回締約国会議(COP17)」にすべての国が参加すること。

⇒日本は、2020年迄に自主的に目標を達成することを宣言している

②日本が2009年に掲げた国際公約
—鳩山元首相の国連での宣言

↓

⇒ 1.「2020年までに1990年比CO_2を25%削減すること」
2.「このため、原子力発電所をこの10年間で、あと10基→65基に増加→原子力比率を50%にすること」

③2011年3月11日東日本大震災で、「①、②」をすっかり日本の政治(国会)は放棄し→「脱原発依存」という方向を向いている。

↓

僅か1～1.5年で、国際公約を反故《ほご》にした日本国の方針は、国際社会から≪倫理観の無い日本≫と云われかねない。

《国際公約を忘れないで》

もう一つ特に、読者の皆さんに、この際是非述べておきたいことがあります。

〔第5図〕「日本が世界に示している国際的約束」を見てください。

それは、混迷の世の中で起きている、とてもよく無い現象についてです。

一言でいえば、日本が突然生じた国内の事情という自分の都合だけで、世界に示したCO2を積極的に削減していくという約束を反故《ほご》にして、自分に都合の好い主張を行っていることです。

それは、電気がどのようにして生産されるかということを正しく理解していないからです。

また、電気の作り方が国によって、全く違うということを理解していないからです。

本件は、本文の中で判りやすく説明します。

各方面のリーダーの方々は、是非ともこの単純なこと《電気の作り方が国によって違うこと》を、理解して世の中を治めていただきたいのです。

第2回以下に出て来る登場人物について、ここで改めてご紹介しておきます。

〔登場人物の紹介〕

本文に出て来るストーリーは架空です。よって以下の登場人物も、全て架空の者です。但し、政治家などの公的人物は、実名にしました。ご了解ください。

以下主な登場人物を挙げておきます。

＊守田和夫さん　↓日本の大手商社に勤める上級管理職。ごく最近まで、フランスの首都パリ支店の次長として勤務していましたが、今は帰国して福岡支店の支店長になっています。

＊守田明子さん　↓和夫さんの奥さん。パリでは、外資系の会社に勤めていましたが、帰国後は今のところ専業主婦。

＊守田一郎君　↓パリの大学に入学、二年を過ごしたところで家族と一緒に帰国。帰

国子女の特典で九州の著名な大学に転入し、漸く友人も出来始めたところです。

＊守田裕子さん　↓一郎君の妹で、同じくパリの中学から福岡の中高一貫校の2年生に転校し、一郎君同様に最近友達も出来て元気に過ごしています。

＊矢沢春香さん　↓一郎君が見付けた日本の大学での初友人の一人。背が高くスラッとした、かなり目立つ才媛の女学生。

＊伊藤郁夫君　↓矢沢さんと同じく、一郎君の大学での初友人の一人。ガッシリした体躯。思慮深く、かつ日本の歴史をよく勉強しています。

＊森山貫太郎先生　↓登場する学生が通う著名大学の、ユニークな大学教授。研究推進部に所属していますが、物理と生物学を学ぶため、わざわざ二年間工学部に編入したという変り種です。就職等も含め面倒見が良いようです。見事に禿げており、学生に人気の先生です。

第2回 「放射能は怖いけど、でも地球温暖化対策は何処へ？」

その1 フランスと日本とでは何が違うか

守田裕子さん一家は、四年振りに日本に帰ってきました。商社に勤務している裕子さんのお父さん守田和夫さんが、フランスのパリから日本に転勤になったからです。和夫さんはパリ支店の次長でしたが、今度は九州の福岡支店長になりました。福岡は、守田さん一家の郷里です。

裕子さんは、パリの日本人学校に通っていました。手続きにかなり時間が掛かりましたが、日本の学校に転校出来ました。パリの大学で勉強していたお兄さんも、同じです。

裕子さんたちが、これまで住んでいたパリはフランスの首都です。ですから、ニュースなどで日本の情報は、即座に入ってきました。

ですので、帰国したら日本の状況が判らず戸惑うということは、殆ど無いはずです。

すでに家族全員が帰国し、落ち着いて三ヶ月も経ってからの朝のことですが、朝食を取りつつお父さんの和夫さんが言いました。

食後のコーヒーを飲みながら、今朝の新聞を片手に取っています。

「今の日本政府がやっていることは、腑《ふ》に落ちないな。どうもおかしいよ」

「何の話？お父さん」

大学生の一郎君が聞きました。一郎君は裕子さんのお兄さんです。中学3年生の裕子さんも何の話だろうかと思いながら、忙しそうに食事をしています。

「一郎も当然感じていると思うけど、日本では昨年3・11の東日本大震災があってから、マスコミの論調がすっかり変わったね。

本当に、びっくりするほどの様変わりだよ。

それまでは、日本は《省エネルギー運動》もするけれども、一方《原子力発電》をうんと推進して、地球の温暖化防止に積極的に貢献するため、《炭酸ガス（CO2）》をいかに減らすかということが、国家的使命であり、それが最大の政治課題だったよね……」

「そうだね、僕もそう思う。そう言えば、この春に関東地方（茨城県つくば市や益子市など）で、突然起きた巨大な竜巻も、あれはきっと地球温暖化の影響だよ」

一郎君がそういうと、和夫さんが続けて述べました。

「そうだろうね、今まで日本では無かった気象変化が、突然起きているから……ところが、今までの温暖化対策は全く忘れたようで、逆にその最大の貢献者だった原子力発電は止めたと宣言し、《脱原発》だと述べているね。とにかく、めちゃくちゃだね」

（注）「脱原発」とは、日本の原子力発電所を全部止めようという動きを総括した言葉です。

なかなか響きの良い言葉ですが、原子力発電所を全部廃止しようということですので、大変な話です。

「今や日本人の頭の中から、《地球温暖化問題》がすっかり抜け落ちた感じだね」

「全くだよ。国会での議論を聞いていても、ＣＯ２がどうなるかなど、誰も言わなくなった。こんなことで、良いのかな」

一郎君が、率直にそう述べました。

「ところが、こうした雰囲気に同調するように、ＣＯ２のことはすっかり忘れてしまって、政府も与党の民主党も、また自民党をはじめ殆どの野党の政治家も《脱原発》と言っている。

原子力発電を近い将来、日本から全て無くす方針だそうだ。

今日の朝刊にも出ているよ。

放射能が怖いから、脱原発だとみんなが言うからだが……

《デジャブ！（あれ、どこかで聞いたような気がする）》だな」


コーヒーを一口啜った後、和夫さんはまた述べました。

「《デジャブ》を思い出したよ……。

二十六年年前、ウクライナに在るソ連製の《チェルノブイリ原子力発電所》が運転中にメルトダウンするというのがあったね。

あの時、ヨーロッパ全土で《脱原発》の騒動が持ち上がったからね。

ヨーロッパでもマスコミが、脱原発を煽ったのは現在の日本の状況と同じだね。

だけど、西洋人は立派だと思ったよ」

「おとうさん、その立派というのはどういう意味？」

一郎君が、相槌を入れました。

「とても感心するのは、その放射能騒ぎの風評を封じ込めて、フランスやチェコやフィンランドでは、原子力発電で地球温暖化を克服出来るという政府の方針を堅持した。しっかり世論が、それを支持したんだ。だからその後、積極的に原子力発電所を開発しているわけだ。

そこが、立派だと思うわけだよ。

ところが、日本がおかしいと思うのはこういうことだよ」

と和夫さんは述べ、またコーヒーを啜って次のようにさらに続ける仕ぐさをしました。

「ドイツは、どうですか？原子力発電所全廃と報道していますね」

明子さんが、口を挟みました。

和夫さんが、鋭く指摘しました。

「この国は、したたかですよ。この百年間の間に二度もフランスや他の国に攻め込んで、資源獲得戦争を引き起こしたんだから……」

「お父さん、それってどういうことなの？」

一郎君が質問しました。

「一言では、いえないが……要するにこういうことだ」と言って、コーヒーをまた啜りながら話してくれた内容は、次の通りでした。

〔ドイツの考え方についての和夫さんの説明──→その要約〕

＊ドイツはゲルマン民族の国で、昔から勇猛果敢な典型的な騎馬民族。人口も6千五百万人とヨーロッパで一番多い。

＊そこで、六十年前の第二次世界大戦後、フランスやスペインや北欧三国などは、

ドイツがまた戦争を仕掛けることをさせないよう苦心して――↓EU（ヨーロッパ連合）を作った。

もちろん、世界の大国アメリカの協力を得ながらだが
ヨーロッパ諸国の連合体で、押さえ込もうとしたわけだ。

ドイツの「緑の党」を裏で支援しているのは、実はフランスなどEU諸国だという噂が絶えないぐらいだ。

ドイツに原子力発電反対派が多いのは、そういうバランス感覚によるもの。
＊一方、ドイツを押さえるため《フランス》は、戦後アメリカ・イギリスと協力（NATOを創設）して軍事大国に成る必要があった。
＊同時に↓フランスは〔原子力発電所〕を積極的に導入した。

＊ドイツ人が〈したたか〉というのは……

①国内の原子力発電は全廃すること

②風力発電など自然エネルギーを〈高い値段で〉積極開発すること

③フランスから安い原子力発電の電気を積極導入すること

↓〔ドイツが必要とする電気全体〕の三〇％程度も、原子力で作った電気をフランスやチェコなどから輸入していること

「こういうことだよ」

和夫さんが、以上のように要点を話してくれました。

{ 第６図 } デジャヴ<ヨーロッパと日本 >の違い

ヨーロッパ —(前向きなデジャヴ)

◎1986 年 (昭和 61)4 月 26 日ウクライナ < チェルノブイリ > 原子力発電所事故発生 (運転中の原子炉が暴走し、原子炉が爆発、放射性物質が大量に拡散)⇒ 31 名死亡、重症者 200 名以上。半径 30 キロ圏の住民 13 万 5 千人が避難。

⬇

◎「脱原発」運動が起きる。⇒ヨーロッパ中に拡がりかけたが、徐々に治まる。

◎数年間で、デモ等は無くなり、フランス、チェコ、フィンランドなどで、原子力発電所の建設再開。

◎フランスは、現在 58 基の原子力発電所が稼働中。
⇒ドイツ、イタリア、イギリス、スイスその他へ発電量の約 30%輸出中。

日　本 —(後向きなデジャヴ)

◎2009 年 12 月鳩山元首相が国連で地球規模の環境問題の解決に全面協力するため、「日本は 1990 年CO_2削減目標を従来の 15%削減から 25%の削減に変更する」と宣言した。

⬇

◎2011 年 3 月 11 日東日本大震災発生、その影響で上記の主張を 180 度転換⇒「脱原発」と鳩山氏から引継いだ菅元首相が宣言⇒ 8 月 6 日 (広島原爆)、8 月 9 日 (長崎原爆) の日に、現地を訪れ、「原爆と原発 (平和利用)」を一緒くたにして、日本から放射性物質を無くすため、「原発を限りなくゼロにする」と宣言した。⇒但し、30 ㎞圏内の避難民は多数出したが、原発事故での死亡者は居ない。

◎よって原発再稼動の見直しが立たず、今年夏の需給は極めてタイト
⇒計画停電の要請まで出ている。

その２
日本人の迷走↓「地球温暖化対策」から「放射性物質忌避」へ

和夫さんの説明が続きます。

「三年前私たちがパリに居た時は、日本の総理大臣鳩山さんが地球環境問題を解決するために、フランスと協力して積極的に原子力発電を推進すると国連総会で演説して、当時のフランスのサルコジ大統領を大いに喜ばせていたよね。覚えてる？」

和夫さんが、述べました。

「覚えているとも。鳩山さんが国連総会で堂々と英語で演説して、日本は二十年前の一九九〇年対比でＣＯ２を二五％減らす。

そのため、この十年ぐらいのうちに、さらに原子力発電所を十基ぐらい積極的に造るって、いうようなことだったかな」

一郎君がそう発言すると、テーブルの横でようやく食事を始めたお母さんの明子さんが、次のように述べました。

「あの頃は、地球温暖化問題が中心だったわね。

フランスのお友達のご夫人方も、CO2の削減にあまり積極的でないアメリカや中国を身勝手だっておっしゃってたわ……。

《明子さんは私たちフランスの真の友達だ》と、そう持ち上げて頂いたわ」

そこでまた、和夫さんが次のように、日本政府のやっていることがおかしいという話を続けて述べました。

「そうだろう……。

僅か三年前日本人は、地球環境問題の解決に向かって、正に優等生だった。

ところが、今や放射能が怖いといって、そっちのほうにどおーっと日本人の世論が行ってしまっているから、政府もそれに政党も日本では原子力発電は危ない、そして止めてしまおうというわけだよ。

巨大な原子力発電所が、五十基以上が動いているこの国ですよ。

ところが、法令に従って二年ごとの定期検査で停めてある発電所だけでなく、立派に動いていた、静岡県の中部電力の浜岡という原子力発電所三基（三百六十万ＫＷ）まで停めさせた。昨年五月のことだ。

この五月五日に定期検査（以下定検）のため停止した、北海道電力の『泊原発三号機七十八万ＫＷ』が最後に、同じく停止したので、すでに五十基が停まったままだ。

ストレステストと称して、大震災後政府が新たに設けた規則に則り、『耐震性』を再チャックし終わったものが十一基あるが、地元の自治体などは、福島第一原発が壊れたのと同じレベルの地震津波が来ても、絶対安全というように設備の改善防護が行われない限り、原発は動かせないという方針なんだ。

（注）最近、わが国の地震予知学会が取り纏めた意見書では、昨年の東日本大震災の影響で、日本を取り巻く地震のプレートのズレが生じているので、最大ツナミの高さが従来の予測よりも大きくなる可能性があると指摘。第七図を参照してください。

このため例えば、浜岡原発地点のツナミの高さは、従来の予測より二m近く高くなるという点だけを強調しており、地球環境問題とかCO2のことは、もうどうでも良くなってしまっている」

「そのとおりだよな。みんなが、世論に迎合して責任逃れの道を歩み始めたね」

と、また一郎君が合い槌を入れました。

「全く、一郎のいう通りですね。この間も、地震災害のことを専門的に研究してらっしゃる学者の方々が、3・11の大地震で日本列島全体が、一層地震やツナミに弱くなっているからとおっしゃって、大きく揺れやツナミの高さを修正されましたね」（前述の〈注〉参照）

母親の明子さんが、述べました。

「あんなこと、突然発表されると関係者は大変だよ」

と和夫さんが同調しました。

{第７図} 内閣府地震対策検討会が新たに公表した津波の高さ修正図

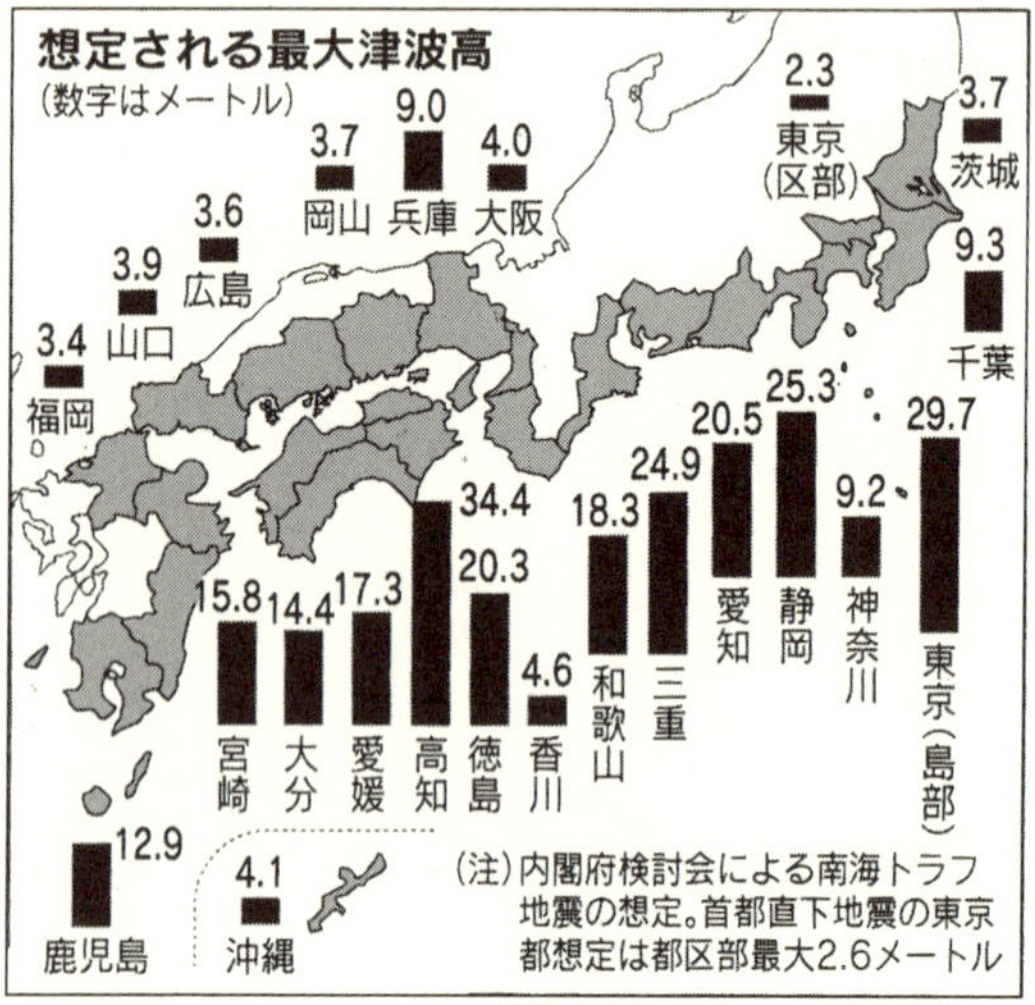

(資料)2012年5月2日　日本経済新聞の掲載記事からの引用

▶南海トラフ地震と首都直下地震の被害想定

南海トラフは駿河湾から日向灘に続く海溝で、東海、東南海、南海地震の震源。内閣府の検討会は3月、想定震源域が連動すると、マグニチュード(M)9級の地震で6都県に高さ20メートル以上の津波が到達、震度7は10県153市町村に及ぶとした。

東京都は4月、東京湾北部など4つの首都直下地震の被害想定を公表。21区市町の一部で震度7の可能性があり、死者は都内で最大約9600人とした。

専門家の意見をマスコミが、突然そこだけ拡大して世の中に伝える……そのマイナスの影響は甚大だというわけです。

「だから、フランス人など外国の人から見ると、《デジャブ》またか、日本人はいい加減な国民だと思うんじゃーないかな」

「デジャブだわね。僅か二、三年前はCO2と原子力でした。ところが、今度は原子力を止めて石油や天然ガスや太陽光などというわけね。そして、CO2は全くどうでもよいわけですか」

そこで、何とも《デジャブ》などと、懐かしい言葉を耳にして両親や兄たちの話しが、少しは判ると思いながら、学校に遅刻しないように「行ってきます」と、裕子さんは急いで出かけました。

同時に立ち上がろうとする一郎君に、お父さんの和夫さんが声を掛けました。

「一郎、大学のゼミの先生にでも、聞いて調べてくれないか。

日本の原子力発電所五十四基が全部止まると、実際この一年間にどれだけＣＯ２が増えるのかということ。それにこの九州にも、原子力発電所が六基あるけど、どうなるかだ。

また、第二に太陽光など自然エネルギーは、どの程度になるのかな？

第三にもう一つ、石油が今バーレル当たり百二十ドルにもなっているが、一体私たち国民の負担はどうなるのか。その三点を、調べてきてくれないか」

一郎君はお父さんの要請を、メモにしながら言いました。

「判った……、でもそれを調べてくれるような先生が、うちの大学に居るのかな。それに僕、バイトもあって忙しいんだよ。直ぐには無理かもね」

そういって、立ち上がりました。

その３
またデジャブだ→原発再稼動が選挙の課題に！

それから三日後のことです。

今度は、土曜日の守田家夕食時です。

今日は朝からお父さんの和夫さんは、仲間とのゴルフでした。上天気でしたので、多少日焼けしています。

裕子さんは、部活から帰ったところで、お腹が空いたと言っています。

母親の明子さんが、急いで夕食を準備しています。どんなご馳走が出るのでしょうか。一郎君は、未だ帰っていません。

お父さんと裕子さんが、居間でテレビを見ていました。

ちょうどＮＨＫのニュース番組が始まりました。

ニュースでは、関西電力の大飯《おおい》原子力発電所の運転再稼動問題が取り上げられていました。

もしも、すぐにでも稼動出来ないと関西地方の今年の夏は、完全に電気は不足して停電しかねないと、みんなが心配しているからです。

ＮＨＫのアナウンサーが、三号機と四号機、それぞれ百十万ＫＷの安全基準が充たされたので、野田総理大臣の指示で原子力発電所のある、地元の福井県知事に「運転稼動を要請した」とのことです。

それを受けて知事は「福井県は原子力発電の供給を一生懸命に行ってきている。問題は、その電気の大量消費地の大阪などの民意がどうかを、明確にして貰いたい」さらに「総理大臣が、地元の要請を受けて原発の必要性を明言すべし」と述べていました。

ところが、ニュースの画面が変わって、その大阪や京都など関西地方の自治体の首長が現れました。

彼らが「関西から、原発を全廃しなければならない。福島の事故の検証も不十分な中で、原子力を稼動するなど理解できない」と述べていました。

そして、さらに次のように発言しました。

「脱原発を掲げるわれわれは、期限を切って真夏だけ運転再開を認める」

そのテレビを見ながら、和夫さんが言いました。

「これはまた、むちゃくちゃ、原子力発電は、そんな限定的な運転をしたら不経済だよ」

明子さんが、夕食の用意をしながらニュースを聞いていましたが、「今までおつき合いをしてきたフランスの方々は原子力のことをよく勉強して、現実と理論を十分理解されていましたが、日本人はもっと冷静になるべきではないでしょうか」

「友達からフランス人はどんな人たち？　と聞かれているけど…」

傍で、中学二年生の裕子さんが質問しました。フランスに居たことで、友だちから時々聞かれるようです。

裕子さんも、中身はわからないけれど、フランスの話には興味があるようです。

和夫さんが裕子さんの質問に笑顔で応えました。

「裕子、友人にフランス人とはどういう人たちだと話すのはなかなか難しいね。しかし、フランス人はおしゃべりが好きだけど、きちんと理くつを言う点がお父さんはフランス人の良いところだと思っているよ」

「全くそうだね……簡単に今までの方針を変更してしまうような日本のやり方とは大いに違うね」


いつの間にか、帰って来ていた一郎君が、突然後ろから声を掛けました。

「あら、お兄さんお帰りなさい」と裕子さんが言いました。

「おー、一郎か。何時帰った？」お父さんも、声を掛けました。

「ほんの、さっきだよ」


日本とフランスの歴史を比較しながら勉強している一郎君が、言いました。

「日本人は桜の花が散るようにすぐ自分たちの歴史を忘れてしまうけれど、フランス人は自分の国の歴史をよく憶えている。過去の自分たちが行ってきたことをきちんと憶えているから、大きな事件や事故があっても本筋を忘れないと思うんだよ」

「ほおー、面白いね。その桜の花の話はどこで勉強したの？」と、お父さんの和夫さんが応じると、一郎君が直ぐに応えて述べました。

「昔の学者の一人で『風土』という有名な本を書いた和辻哲郎という方が、いっているこことだよ。日本人は桜の花のように元気が良いけど失敗すると散るのも早いんだって」

「お父さんも読んだことがある」

そこで一郎君は、少々得意になっていいました。

「お父さんは読んだことがあるのかな？　舟橋聖一という小説家が伊井直弼のことを書いた『花の生涯』という小説だけど。この小説の題の〝花〟はたぶん桜の花のことだと思うよ」

「じゃあフランス人は、どういう花なんだろう」

和夫さんが少々むきになって質問しました。

一郎君は、一瞬言葉に詰まりましたが、次のように話しました。

「お父さん今、話をしているのは日本人が桜の花のようにCO2のことを捨て去っては困るということを話しているわけでしょう。だから花の比較じゃない……だけど、まあ無理して言えば、フランス人は常緑樹のようなもの、日本人は落葉樹じゃないかな」

「難しいお話は、そのくらいにして、さあ夕食にしましょう」

明子さんが、みんなに声を掛けました。

第3回
どっち！《二万人の犠牲》と《放射能》と

その1
矢沢さんは、原発事故は許せないと主張

大学二年生の守田一郎君は、パリの大学から転校したばかりで、日本の大学での習慣には未だ十分慣れていません。

やっと友達が一、二人出来たばかりです。

その一人、背が高くがっしりした体躯の人懐っこい伊藤君、それにちょっと目立つ才媛の矢沢さんと、昼休みの食堂での会話は、途中から一郎君の質問になりました。

「僕は、つい最近までフランスに居たから、情報が間違っていたら教えてくれる？」

「どんなこと……」と二人が、こもごも言いました。

「僕もそうだけど、父親も同じ意見だけどね。

政治家もマスコミも日本では、原子力発電は安全が確認されなければ、なかなか認めたくない。

なかには、はっきり《脱原発》などといっているけど」

二人が「まあー、そうね」と同意して、一郎君の次の言葉を待っています。

一郎君が、続けて述べました。

「フランス人の感覚で言うと、ついこの間まで地球温暖化にとても熱心だった日本人は、どこへ行ったの?……という感じだね」

すると、矢沢さんと伊藤君が顔を見合わせた後、先ず矢沢さんが口を開きました。

「私の遠い親戚が福島に居るけど、福島原子力第一発電所からちょうど三十キロ圏の所に家が在るので、今埼玉の母の実家に一家五人が避難してきているのよ」

「そうなんだ……」と、伊藤君が述べ、一郎君と共に改めて矢沢さんの話に引き寄せられました。

矢沢さんが、続けました。

「その親戚の両親が、今度の福島の原子力事故は許せないというの。《地震や津波が千年に一度の天災》だったとしても、安全だ安全だといってきた国と東京電力の責任は重いというの」

「天災だから、仕方ないという意見もあるけど……」

伊藤君が言いました。

すると矢沢さんは、真剣な表情で次のように言いました。

「福島第一原子力発電所から、三十キロも離れた親代々の家がその原発の事故の影響で、放射能に汚染される事故を起こしたのよ。
その責任を、徹底的に追求したいと
涙を流しながらおっしゃると母の実家の方が電話してきたの」

ふーん……と言って、一郎君も伊藤君も黙っています。


矢沢さんが、さらに続けます。

「とにかく、今回の原子力発電所事故の被害に遭った人たちは、放射能のことしか頭に無いのよ。

放射性物質は、全く見えないし臭いもしない。

だけど、凄く人間に危険なもので、放射能を浴びると例えば癌になる、という怖い話になってるでしょう。

だから、他のことは何をいっても駄目なの。

そういう状態というのよ」

｛第８図｝福島第１発電所 20 キロ圏の現状と政府指導の疑問

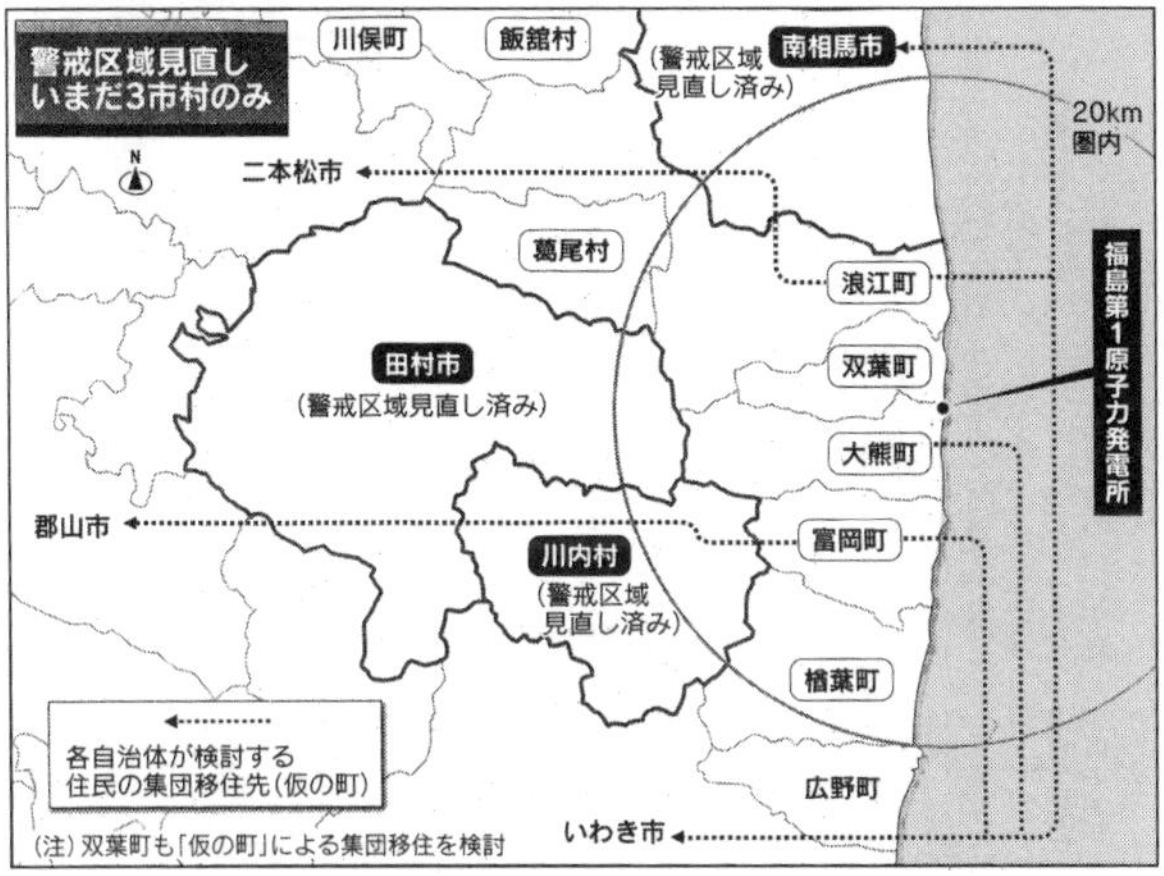

(2012 年 5 月 1 日付　日本経済新聞解説記事より引用)

福島県の避難住の民状況

合計避難者数		16 万 307 人
県外避難者		6 万 2736
県内避難者		9 万 7571
県内避難者の内訳	仮設住宅	3 万 2523
	借り上げ住宅	6 万 3699
	公営住宅	1349

(福島県調べ、4 月 23 日時点)

◎政府は、上図に見るように、20 ㎞圏以内の放射線量が年間 20 ㎜シーベルトを超す「警戒区域」と 20 ㎞圏外で、同じく年間 20 ㎜シーベルトを超す「計画的避難区域」の 2 つについて、空間の放射線量が下がったとして、避難区域の見直しを決めた。

◎①50 ㎜シーベルト超の「帰還困難区域」②20 ㎜シーベルト超 50 ㎜シーベルト以下の「居住制限区域」③20 ㎜シーベルト以下の「避難指示解除準備区域」の 3 つに再編したという。

◎これについて、政府は「除染の効果を考慮せず試算した結果で、20 年後でも浪江と大熊と双葉の 3 町には、20 ㎜シーベルト以上の地域が残る」とコメントしているという。

以上について、大きな疑問が残る。何故なら、徹底的に「除染をして、全く問題の無いようにする」とどうして宣言しないのか⇒もう一つは、50 ㎜シーベルトまでのホルミシス効果があるとされる「しきい値」についても、同時にしっかり研究し、放射性物質の安全性をさらに常に確かめていくと何故言えないのかである。

「なるほど、気持ちは判るな……。

それに、政府がこの四月から、野菜や椎茸などの食品から検出されるセシウムという放射性物質の濃度の安全規準値を、これまでの五百ベクレルから、五分の一の百ベクレルに下げたりしただろう。だから、それ以上に放射性物質が含まれた食品は、出荷禁止にすると報道されているだろう。

だから、なかなか原子力は怖いという観念が、抜けないだろうな」

伊藤君が、矢沢さんの意見に同調して述べました。

「そうなのよ。今まで、原子力発電所から大量の放射能が出るなどと思ってもいなかったし、親戚の両親はむしろ電力会社を信頼していたというの。

ところが、それが突然裏切られたというわけですよ」

このように、矢沢さんは代弁して述べました。

二人の話に、熱が入ってきました。

その2　全て事業者の責任にする判断は、間違っていないか

一郎君が、言いました。

「でも、何となく完全に納得出来ないな。というのは、日本はフランスと同じように国内に有力なエネルギー資源が無い。例えば、アメリカには、石炭・石油・天然ガスなど豊富な資源が在るし、ロシアやイギリスには天然ガス、カナダやオーストラリアそして中国には大量の石炭などのエネルギー資源が在る。

ところが、日本には資源が無い。そこで国家の方針によって〈電気〉は

第一にコストが安いこと＝料金安定で低価格であること

第二に地球温暖化対策になること＝CO2が出ないこと

第三に原子力発電という《准国産エネルギー》を持つことは、石油価格高騰のハドメになること

という《戦略的国策》に基づき、原子力発電所を積極的に開発して来たわけでしょう。

だから、何が起ころうと日本という国の基本方針は、変えられない。

それは、日本国民が決めたことです。

←

よって、全ては《国家》と《国民全体》が責任を持って解決すべきではないしょうか。

それを、『全て東京電力という事業者』に《お前の責任だ》と押し付けるのは、本当に正しい遣り方でしょうか？

←

大きな疑問です。

しかも、東京電力は『国が決めた基準通りに設計』して発電所を建設し、四十年間も国家の方針通りに《東京など首都圏》に安定的に、それこそ必死に『公共物』の電気を賄って来た訳でしょう。

ところが、一千年に一度という未曾有の地震・ツナミで残念ながら、放射性物質が漏れる事故を起こした。

という訳でしょう」

一息入れて、一郎君がまた述べました。

「どう考えても、フランス人の感覚では、政府が全部東電という会社の責任にしてしまって、風評被害まで含めて損害を賠償させているのが正しいとは、とても言えない。おかしいんですよ」

さらに、付け加えて述べました。

「元々フランスだけでなくヨーロッパ諸国の《電気》の供給が、国や国と委託を受けた公的機関（公社など）が行って来たのは、電気が《公共物》と見られているからですよ。↓人間が生きていくために絶対必要なもの、例えば水や主食は公共物ですから、誰でも使えるように低価格でしかも公的機関が、責任を持って供給するのが原則だということです」

それからさらに、力強い発言で締めくくりました。

「ところが日本では、電気を使い始めた明治の最初から、民間の電力会社が責任を持って発電所を造り、供給してきたわけですよ。この民間中心のシステムこそ、日本の特徴でしょう。だから、東京電力という私企業を支えている株主の方々と従業員は、公共的使命を持って電気の消費者のために一生懸命に貢献している。↓それは、国家公務員や東京都の公務員などと同じなんですよ。それを、今みんなが寄ってたかって、悪者にしてしまっている、そういうように見えますね」

一郎君が、フランスの感覚との差が、余りにも大きいという意識を表情に顕して、力強く語り終えました。

「なるほど……」と、聞いていた二人が唸るように述べました。

｛第９図｝原発事故の責任は、国（政府）か、それとも企業（東電・株主）か

	2011年3月11大地震・津波災害の責任	
	天災による事故として判断	その他の判断
(A) 二万人の犠牲者は誰が救済	◆あくまで、未曾有の天災として、国及び地方自治体が、すべてを対処した。 ↓ 特に異論なし。	◆特に異論は出ていない。 ◆但し、「(B)」の責任の取らせ方と、比較すれば常識的に考えて、今後異論が出る可能性あり。 ＜例えば、津波に対する防潮堤の既存の設置の仕方など＞
(B) 東電福島第一の事故は誰が救済	◆天災であっても、放射性物質が発生したことは、企業の責任として、東電と株主に全責任を取らせる処理。 ↓ 大いに問題があるが、今のところ未曾有の天災であり事故責任が免責されるという意見が出る余地なし。 (世論を背景とした国会審議等による政治的判断)	◆原子力損害賠償法第３条但書き（天災条項による免責規定）に当るという判断が出てくる可能性あり。 ◆東電は当面、政府の責任を代行をしているという考え方在り。

（注）東日本大震災の発生から、約１年間を経た時点での判断ということで取りまとめた。

それから、矢沢さんと伊藤君が、こもごも

「確かに日本人は未だ、そういう考え方に気が付いていないですよ……少し落ち着いてきたので、これから一郎さんと同じ意見が、国民の常識的な考え方として出てきますよ。早く政治家がそう言ってくれないかな」

そこで、一郎君は

「それでは、序に話題を少し変えて、二人に聞きたいことがあります。よいですか」

と言いました。

その3
二万人を亡くした責任は？

フランス帰りの一郎君が、「ちょっと冷静に聞いてくれる？」と言って、再度口を開きました。

「この間の大震災は、茨城県から岩手県まで長さ四百五十キロに亘る海岸線が、地震とツナミでめちゃくちゃに壊されて、二万人に近い沢山の方々が、亡くなられたり行方不明だと今でも毎日、新聞に報道されていますね」

矢沢さんも伊藤君も、その通りだと頷きました。

「調べてみたんだけど、地震やツナミで二万人も犠牲者が出たのは、日本のこれまでの大地震でもあまり無いようだよ」

矢沢さんが、言いました。

「二万人って、確かに大変なことですね……。例えば比喩が適当でないかも知れないけど、野球やサッカーの観客数が多いところは、二万人とか三万人でしょう。あれだけ沢山の方々が、一瞬にして全部亡くなられたわけでしょう。確かに大変なことですね」

すかさず、一郎君が述べました。

「その責任は、誰が負うんだろうか?……」

「それこそ、未曾有の天災だから、誰も責任なんて負いようが無い。そういう意見になると思う。

そうでしょう」

伊藤君も矢沢さんも、首をタテに振りました。

「ところが、今大方の人たちが《未曾有の天災からの復旧・復興》ということで、政府もそしてボランティアの方々もしっかり支援して、何とか震災以前の状態になりつつあり、それは実に素晴らしいことだと思う」

一郎君が、一呼吸してさらに続けました。

「だけど、問題は先ほどのように二万人の方々が亡くなったことに対する責任は、一体どう考えたらよいのか。

僕は、この点がどうにも明確に話題にも議論にもならないのは何故だろうと考えてみたんだ。

すると、それは『天災だから仕方無い』ということになってしまうのかな……と思った。

だが、片や原子力発電所から放射性物質が漏れ、《生命の危険を感じることを仕出かした→しかし漏れたものの影響で亡くなった人は居ないが》、その責任という点のほうは、厳しく事業者に全てを負わせる……この考え方は、どうにも不合理だと思われませんか」

　暫くして、矢沢さんが質問しました。

「一郎さんの主張は判るけど、しかし二万人の犠牲者の方々への具体的な責任は、どういうことで追及されるのでしょうか？」

「そこです、問題点は！」

　一郎君は、次のように述べました。

「東北地方の太平洋岸線〈岩手・宮城・福島・茨城の四県〉四百五十ｋｍに及ぶ巨大地震は、初めて発生したのではないということです」

「中には、先人の言い伝えを教訓に十ｍの防潮堤を造り、観光名物にもなっていたところもあった。八十年前の災害時は八mだったので、十mで大丈夫とされていた。ところが、さらに昔十三mの高波が襲ったこともあったという。そして今回のツナミは、十ｍの防潮堤を軽々と超え、多くの犠牲者が出ている。

果たして、この責任は誰が負うのだろうか？」

その４
原発事故で死亡ゼロ、地震・ツナミの犠牲者約二万人→でも原発を悪者にし徹底糾弾するリーダーの感情論

以上のように、二万人の犠牲者の責任は、誰も口にしない。一方、原子力の事故に非難が集中しています。

しかし……

「単純比較で言えば、原子力発電所は事故になって放射性物質が漏れたけれど、それが直接の原因で亡くなった人は居るの？」

この一郎君の質問に……二人は「多分居ませんね」

「では伊藤君、矢沢さん、次の点はどうですか。

《二万人の犠牲者や家屋の壊滅は、天災だから仕方ない》誰の責任でも無いと言いましたね。

一方《放射性物質の流出は、天災であっても許せない》と言っていますね。

この二つの考え方は、どうもおかしいと思われませんか」

「……」

二人は、無言です。

伊藤君が、漸く口を開きました。

「あの大地震とツナミが起きた時に、総理大臣が原子力発電所に飛んで行ったでしょう」

「そうだったわね」と矢沢さん。

「だから、あの時点で日本人の世論が
《みんな原子力は別だ》と
〝心理的〟に考えるようになったんですね」

伊藤君は、自分が勉強している「心理学」のことを、ちょっと持ち出して、そう述べました。

「それに、最近の国会での『事故調査委員会』で、東電の勝俣という会長が証言したそうだけど、それによると二つ問題があるそうだね」

伊藤君がさらに述べました。

「どんなこと?」

一郎君と矢沢さんが聞きました。

「一つは、日本のトップである総理大臣が、いくら状況を知りたいと思っても、民間会社の現場の発電所長に直接長電話したこと。二つ目は、怖いもの見たさという心理状態も手伝ってか、その後今度は発電所に自ら乗り込み、種々質問した上で直接指示したこと」

「確かに大変なことだね……組織的な命令系統無視だな」

先ず一郎君が言いました。

「これは、野球やサッカーの試合中に、監督ではなくチームのオーナーが突然ゲームの場に現れて主将に指示したようなものですね。多分ゲームは滅茶苦茶になりますよ」

矢沢さんが、「ちょっと例が適当でないかも」と言いながらも、そう述べました。

「その通りだよ。もしかすると、そのために発電所長は、大切な指示をディスターブされたかもね。とにかく、会社の会長がおかしいと指摘するのは当然だな」

すると一郎君が、「事故調査委員会などで、福島第一原子力発電所の事故は、天災でなく人災だと言う専門家も居るようだけど、そういう意味では人災というより政治の責任重大ということかな」と、二人の意見を求めました。

これから先になると、もっとよく勉強する必要があるということになりました。

ちょうど午後の授業も始まりそうです。

「判らない時は、徹底追求よ」と、矢沢さんが伊藤君に向かって言いました。

「どうでしょうか、
ほら去年の合同ゼミの時に地球温暖化と原子力の役割について講演した先生……覚えていますか？」

伊藤君が、相好を崩しながら応えました。

「思い出したよ。時々《あのですね》と言葉の相槌を入れる、年寄りというか……風格が在るというか、あの先生のこと？」

「そうだったね。あの先生は、技術と経済や法律と両方を若い時勉強したと言っていましたよ」

「未だ、この大学にいらっしゃるのかしら」

「学生課で調べて貰えば、何処に居られるか判るかもね」

「もし、判らなかったら、他の先生も当たって見ることにするよ」

守田一郎君は、この大学のことは未だよく判らないので、二人に宜しくといいました。

父親の和夫さんから頼まれたこともあったからです。

第4回
電気って何だろう?→
水や食料（特に主食）と同じく公共物という材料→材料の経済原則は《低価格》

その1
公共物は安くなければ駄目→森山貫太郎先生登場

伊藤郁夫君と伊藤春香さんが、守田一郎君にメールで知らせておいた二週間後の金曜日夕方のことです。

三人は約束どおり、大学で一番高層の二十五階建て文系センタービル、その二十四階にある研究室に、例の「あのですね」先生を訪ねました。

正式には、この大学の研究推進部というところに所属し、企業などから寄付を貰って研究をしている客員教授の森山貫太郎という先生です。

主に、これから九州府というものを創る場合、何が重要かといったことを研究しているそうです。

名前は森山というのですが、会ってみると正に見事な禿頭。噴き出しそうになりながら、三人はそれぞれ名前を名乗って椅子に掛けました。

なんだか、初対面から気楽に会話出来来そうな雰囲気です。

用件は、メールで事前に流しておいたようです。

先生は、一端机の上のパソコンを閉じるため、「ちょっと待ってね」と言いながら、忙しそうに片付けて大きな鞄《かばん》に入れました。

三人とも幾つぐらいかなと思いながら、先生の仕草を見ていました。

すると、三人の前に同じように椅子に掛けて、早速口を開きました。

「あのですね」……と、先ず森山先生はおっしゃって、

「君たち、感心したよ。メールを貰ったけど、君たちが言うとおりなんだよ」一端切

って、また続けました。

やっぱり国家のリーダーがしっかりしないといけないね。わが日本民族の特徴だが、ドーッと感情的にみんなが同じ方向に走るんだね。

考えもなしに、良く言えば組織的に動く癖がある。

あのですね、それにですよ。日本人は集団的に臆病なんだな……

よく検証もしないで、上の人が《これは危ない》などというと、もう大変なことになるんだ。

全員が、感情的に危ないので逃げようとするんだ。

あのですね、元々日本民族は、何千年もの昔から現在に至るまでとても臆病な人種なんですよ。

この小さく細長い、そして運命的に火山があり地震や津波や台風が遣ってくる島国に、北方や南方から渡って来た人たちが集団を形成して、長い間に苦労して創った民族国家なんだよ。

だから例えば、弱い動物の世界を見ていると判るように、全員集団で同じ方向に動く《癖《くせ》》があるんだ。
ところで、あのですね、先生はこれから上京するので、あと三十分間ぐらいしか時間が無いんだ。それで……、あのですね、ポイントを絞ってくれないか。幾つもの質問は、きょうは駄目。一つだけだね」

四つのポイント

伊藤君が代表して、「じゃあ」といって、矢沢さんと一郎君に相談しようとしていると、森山先生がまた述べました。

「あのですね、ポイントはだね、君たちの質問は纏めると四つある。
一つは、原発事故で放射能漏れに対する責任は何処までか
二つは、原発を全部停めたらＣＯ２の増加などその影響はどうか
三つは、放射能とＣＯ２とどっちが怖いか

四つは、原発の代替に太陽光など自然エネルギーで、賄えるのか。あのですね、今日は、このうちの一つにして貰いたい」

森山先生は、きっぱり言いました。

「では、先生が今ポイントは四つといって、その二番目に上げられた、原発五十四基を一年間全部止めたら、どれだけCO2が増えるか。

きょうはこれを教えてください」

一郎君が、咄嗟に提案しました。

お父さんの守田和夫さんに、大学の先生に尋ねてみてくれと要請されていたのが、原発停止とCO2の関係でした。

だから、最初に聞きたかったのでしょう。

矢沢さんも伊藤君も、異存は無し。

「判った、では始めよう」と森山先生はそういって、立ち上がり、教室でレクチャーをするような姿勢を取りました。

ところが、森山先生はちょっと宙を仰ぐような格好をして、改めて「あのですね」と言いました。

「あのですね……

君たち《電気の知識》は、どの程度あるのかね？」

「電気の知識と言われますと？」

怪訝な顔で、三人が先生を見詰める格好になりました。

「例えば、オームの法則とかですか？」

矢沢さんが、聞きました。

するとと先生は

「あのですね、《電気》というのは、一体どういう商品かということですよ」

と述べ、にやっとして

「《電気は、主食や水と同じでなくてはならない》……この点が、とても重要なんです」

「日本人の主食とは『コメ』それに『パン』でしょうが、今や電気は日本人のコメやパンのようなものです」

とおっしゃった。

「出来れば、ただすなわち、主食や水と同じく《ただ》に近い値段で提供すべき〈品物〉↓したがって、コンビニで買う〈商品〉とは違う」

「よって、《電気は公共物》であるというのが、私の解釈です」

そして「この意味が判りますか?」と、三人に質問しました。

ちょっと、あっけに取られていると……

「諸君……といっても君たち三人だが、この森山貫太郎の《電気は公共物》という意味合いを、議論しておいてくれたまえ。

では、先生はこれから上京するので、失礼するよ」

そう言って、大きな鞄を抱えて忙しそうに部屋を出て行きました。

その2 安い《電気》を創る工夫をしないと→資源の無い成熟国家は潰れる可能性大

三人は、森山貫太郎先生から貰った宿題それを、真剣に考えていました。


夕方、家に帰って来た一郎君が、お父さんにそのことを報告しました。傍で聞いていた中学生の裕子さんが、

「エレベーターもトイレも、それにテレビも、パパのパソコンも全部電気が無いと使えないから、電気代が高いと困ると私も思います」と、言いました。

「そうか、裕子もそう思うんだね」

とお兄さんの一郎君が言うと、裕子さんはにっこりしました。

《公共物》などという言葉は未だよく判りません。

でも、裕子さんは大人の話に、ちょっとだけ参加出来て嬉しそうでした。

お父さんの和夫さんが言いました。

「その森山貫太郎という先生が、君たちに《電気は公共物》という意味をよく考えてみなさいと言ったのは、なるほど良い話だ。


最近では、綺麗な《水》や《主食のコメやパン》もタダではない。だがこれが無くては、われわれは生きていけない。

《電気》も、今では裕子が直感的に述べた通り、われわれの家庭でも、会社でも確かに必需品だ。

お父さんの会社でも、《電気》が切れるとそりゃー大変だよ」


「確かに、公共物と言ってもおかしくないだろう」

と付け加えました。

その《電気》の値段が、結果的に何だかどんどん高くなるようなことが、世論となって進められているのはおかしいという結論になりました。

翌日大学のキャンバスで、一郎君が矢沢さんと伊藤君に会って聞いたところ、二人の家でも同じような話が出たそうです。

それを次のように、判り易く順序だてて説明してくれました。

その３
なぜ《原子力》を日本人が選択したのか

①元々エネルギー資源の無い国だからこそ、
↓《原子力で低廉な電気》を創る役割があること

②コストが低廉でＣＯ２が出ない資源だからこそ、
↓《原子力で大量に電気》を生産する意義があること

③《元々原子力発電有りき》ではなく、低廉かつＣＯ２の無い原子力発電が、ＯＰＥＣ等の値上げを抑制できること

④放射性物質という、とても危険なものを科学技術の力で封じ込め。世界で唯一の被爆国民だからこそ、
↓《原子力の平和利用》に徹すべきこと

↓石油・天然ガスなどバーレル当り百二十ドルを超え、かつ高止まりの状況下
↓対抗措置として、原子力発電を多く保有する意味は極めて高い。

原子力発電が、何故わが国に必要かの上記四点を、日本国民はしっかり噛み締めるべきだ。

「電気は公共物」だから、みんなが出来るだけ平等に、《低廉》に利用出来るようにしなければ意味が無い。

そのためには、低廉な原子力発電の導入が欠かせないという主張を、上述の4つの答えで示し、それをメールで森山貫太郎先生に入れました。貫太郎先生から、三人当てに『ベリーグッド』の返信があったことは、いうまでもありません。

< 参考 >

2030年の温室効果ガス排出量の削減率シナリオ

（1990年比）		総発電電力量に占める原発の割合			
		35%	25%	20%	0%
中央環境審議会	高位	▲40%	▲36%	▲34%	▲25%
	中位	▲35%	▲31%	▲29%	▲20%
	低位	▲25%	▲21%	▲19%	▲10%
総合資源エネルギー調査会		▲28%	▲23%	▲23%	▲16%

（注）▲はマイナス。中環審の試算は国立環境研究所による。高位・中位・低位は、省エネ・再生可能エネルギー対策などの強度

(注)2012年5月13日　産経新聞のデータより引用

< 説明 >

①中央環境審議会の三つのシナリオのうち「高位」とは、省エネルギーや再生エネルギー対策導入を最大限に行った場合である。
　この場合でも、原子力発電所をゼロにすると、ようやくCO_2が25%減る勘定。もちろん、再生エネルギーが、20%近く増えることで、そのコスト負担と大きな電気料金上昇は、避けられない。

②仮に、上記表の原子力35%稼動ケースでも、鳩山元首相が国連での約束した原発50%とは、15%もの開きが在る。

一郎君は、森山貫太郎先生に返したメールに、序に次の書き込みをして、先生の意見を聞きたいと思いました。

〔書き込み〕

←

「私は、この間までフランスに住み、パリの大学に通っていたので、ひょっとすると《フランス・ボケ》かも知れません。

実は大変気になるのは、今の日本人の世論というより日本のマスコミの考え方かも知れないけど、すごく原子力発電に拒否反応が強くて、原子力を発電に利用するのは《何か悪いことだ》というように考えているとしか思えません。

すると政治家は、選挙に勝たなければならないので、余計に原子力発電を悪者にしてしまって、原子力の定期検査で停めた発電所の運転再開を、全部拒否していますね。

これって、フランス流に考えるととてもおかしいですよ……そう思うんですが、私の考えが間違いなのでしょうか。

先生、是非教えてください」

一郎君のメールでした。

すると、夕方になって貫太郎先生からのメールの返信がありました。

「一郎君、君の話はまともだ。

おかしくないよ。

むしろ世論というもの〈これはどうやら、マスコミが作り出したものだが〉それが、間違っているということではないでしょうか。

先ほど録画しておいた、ＮＨＫの日曜討論というのを見たんだが、自然エネルギー派だという専門家なんて、言うことが酷いね。

次のような、言い方だね。

第一に、日本は太陽光とか風力とかの開発を、怠って原子力に特化してきたので今慌てているが、そういう政治が間違いだった。

第二に、福島の事故を起こした当時の、原子力安全保安院とか原子力安全関係委員会のメンバーが、今でも殆ど代わらずに、これからの安全審査を担当しようとている。

そういう人たちは、今では国民から全く信用されていない。

だから、この人たちがやっている限りは、とても原子力の再稼動など認めるわけにいかない。

原子力反対派の人たちは、こう述べています。

しかし、人間は失敗してもその原因をきちんと探り、その上で今後は失敗を無くす努力をするというのが、常識的な方向であろう。

だから、一度失敗した人間を全く取り除かなければ、新しいマネジメント方策は生まれないという考え方に、合理性があるとは考えにくい。

一郎君、宿題だ。先生は何故このような人のことを《本質を考えていない》と言ったのか考えてくれ」

貫太郎先生が出した「宿題」は、直ぐに一郎君は解けました。

第一に、日本が原子力に特化して来たのは、オイルショックの後、高い石油や天然ガスを使ったのでは、コストの点で同じ家電製品や自動車を生産するのに、欧米に太刀打ち出来ない。

だから、コストが安く発電も安定的な原子力発電所が必要だった。

逆に、太陽光とか風力などは、石油のコストよりも高い開発費が掛かり、しかも日本の気象条件にとても合わないので殆ど、手を付けなかったわけ。

よって、評論家の指摘は全くナンセンスです。

それに、第二に原子力安全保安院などは、同じ人間だから信用できないという話も、彼らは福島の事故を天災とはいえ、当然重要な事故事例として捉え、同じようなことが二度と起こらないように《懸命に英知を絞って仕事をしているわけ》である。

上述の通り、失敗をしているからこそ、賢明な判断が出来るわけである。

それを端から信用できないというのは、これも国民の批判を引き出すための間違った判断としかいえない。

それに、何と言っても《電気》は公共物。出来るだけ安い価格で供給する必要があることを、全く忘れていると一郎君は述べました。

{第１０図} 日本人が原子力を選択した４つの理由

(理由１) 元々日本はエネルギー資源の乏しい国

⇒だからこそ、原子力発電によって、低廉豊富な
≪電気≫を創る役割が在ること。

(理由２) コストが低廉かつＣO_2が出ない資源

⇒だからこそ、原子力で大量に≪電気≫を生産する
意義が在ること。

(注) 水や食糧と同じで、もはや電気は日本国民に取っては
「公共物」である。よって≪電気≫が高コストになっては、
意味が無い。自然・再生エネルギー源は、ＣO_2は
出ないが、誠に「高コスト」である。

**(理由３) 低廉かつＣO_2フリーの原子力発電による
≪電気≫がＯＰＥＣ等の値上げを抑制出来る
唯一のハドメ。**

⇒だからこそ、「脱原発」は、エネルギー戦略として、
「守り」でなく「撤退」であり、絶対に日本は取るべきではない。

(理由４) 核廃絶のためにも原子力の平和利用を推進

⇒世界で唯一原爆の被害を受けた国民だから、原子力発電の
平和利用を推進すること。

第5回
原発止めたらどうなるか→森山貫太郎先生の試算

その1
《電気》は公共物→出来るだけ安い価格で生産すべし

さて話は、そろそろ本論に入るところです。

だが、不思議なことが偶然起きました。

会社の支店長をしている守田和夫さんは、福岡の経済同友会の有力メンバーの一人です。

このため和夫さんは、環境とか資源委員会の幹事をしていますが、最近の混迷するエネルギー問題について、委員会で勉強会を開くことになりました。

その相談が事務局から和夫さんにあった時、長男の一郎君が時々会いに行っている福岡の著名大学に在籍する、森山貫太郎先生のことを思い出して仲間に紹介しました。

すると、事務局で種々相談した結果「その先生が一番良い」ということになり、和夫さんから森山先生にお願いして貰えないかという話になりました。和夫さんも、自分が推薦したことですし、その役割を引き受けました。

そこで、逆にお父さんが森山貫太郎先生を、一郎君から紹介して貰いアポイントを取って会いに行きました。

「恐縮です。息子が大変お世話になっておりまして……」

和夫さんが、名刺を渡しながら言いました。

「とんでもないです。息子さんに、逆にお世話になっています」と言いながら、貫太郎先生がじっと守田和夫さんの顔を見ていましたが……突然に
「あなたは、ひょっとすると鈴木和夫君ではないですか？」

「えーっ、それでは先生もひょっとすると鈴木貫太郎君ではないのか?」

「えー、鈴貫《すずかん》か!」「おー、やっぱり鈴和《すずかず》ではないか!」

ということで、
抱き合わんばかりの騒ぎになり、大学の研究室にけたたましい大声が響きました。

そのはずです。二人は、かつて高校の同期生だったのです。

元々二人は、旧姓が《鈴木》でした。

ところが、二人とも結婚した相手の女性が、それぞれ跡取り娘だったようです。

先ず、一郎君と裕子さんのお母さんに当たる明子さんは、埼玉に実家がある守田家の三人娘の長女で男の兄弟が居ないため、結婚した鈴和《すずかず》こと「鈴木和夫さん」は、養子縁組をして守田家のお婿さん、すなわち《守田和夫》になりました。

一方の貫太郎先生の鈴貫《すずかん》こと「鈴木貫太郎さん」は森山恵子さんと結婚しました。恵子さんは、森山家の一人娘でしたので、こちらも養子になり《森山貫太郎》となったわけでした。

「お互いに〈鈴木〉で無くなったという訳か」

「しかし、奇遇だな……子供たちとの会話が縁で、会えたんだからなあ」

そう言って、改めて挨拶しました。

もちろん、和夫さんの同友会に、レクチャーに行く話は「《鈴和《すずかず》》の命令では仕方ない。昔の級長さんには敵わない」と言って約束しました。

「その代わり、どうだろうか。鈴貫《すずかん》……いや森田貫太郎先生の奥さんも一緒に、今度わが家に来ないか?」

と鈴和《すずかず》こと守田和夫さんが誘いました。

喜んで行くということになり、翌日さらに連絡し合って、次の日曜日に貫太郎先生は、奥さんの森山恵子さんを同伴して、守田家を訪ねることになりました。

貫太郎先生にはお子さんが男の子三人居るそうですが、三人とも学者の玉子。

残念ながらアメリカ、フランス、中国の大学にそれぞれ留学中だという話でした。

そこで、一郎君が序に和夫さんの質問のこともあるので、友達の矢沢さんと伊藤君を誘っても良いかと両親に相談し、オーケーして貰いました。

梅雨がそろそろ明ける七月下旬、福岡市南区の邸宅街の一角に、堂々とした守田和夫さんの支店長社宅が在ります。

夏の日光が漸く陰り始めた夕方の六時、大きな守田家の庭でのバーベキューが始まっています。

ビールでの乾杯も終わり、食事が進むにつれて最初は昔話が話題の中心でしたが、途中から自然にこの間からの貫太郎先生のレクチャーになっております。

それを、ちょっと整理してみましょう。

現在地球上に七十億人が住んでいる。（日本人一・二億人で二％弱）

↓その人類が使う年間エネルギー消費量は、どれだけか。

石油、天然ガス、石炭、水力、原子力、木炭、太陽光、風力などいろいろ↓判りやすくするため、石油（カロリー）に換算して見ると、

《約百四十億トン》だ。

今度は、その中で日本人の使う量はどのくらいのウエイトか↓約世界全体の四％で、《五・五億トン》

人口は二％だが、結局日本はエネルギーを沢山使って、文明文化を謳歌している。

五・五億トンのうち一五％八千万トン（二千五百億ＫＷｈ）は、原子力発電。

日本に今五十四基四千八百万ＫＷの原子力発電所が在ります。
日本全体の発電所は合計一億三千万ＫＷですから、原子力は約三六％になる。
これは、設備すなわち工場の生産能力のこと。
この発電所と称する工場で作る《電気》という商品は現在年間約九千二百億ＫＷｈ
このうち原子力発電は先ほどのように二千五百億ＫＷｈ（二七％）
問題は、《地球温暖化問題》解決へのインパクト大きさです。
原子力発電所を全部停めたままだと
↓
CO_2の出ない原子力発電ＫＷｈから

CO_2の出る火力発電KWhに代わること

↓

太陽光、風力、再生エネルギーを懸命に建設？　しても稼働率が一五％程度と低いので、原子力発電所の〈稼働率八〇％〉の代わりを務めるのは、とても無理。

しかもこの一～二年間では、とても間に合わないし、さらに例えば、最近政府が言い出した一千万戸に取り付けるという住宅用太陽光発電等は、原子力発電コスト（一KWh九円程度）の四～五倍（同三三・四～三八・三円）にもなる。

CO_2（炭酸ガス）がどれだけ増えるか

原子力発電所五十四基四千八百万KW→年間二千五百億KWh

　石油換算　八千万トン

＊原子力発電所からの　→二千五百億KWhならCO_2フリー

→〈要するに炭酸ガス発生ゼロ〉

＊火力発電所からの　→二千五百億ＫＷｈならＣＯ２大量排出
→〈炭酸ガス発生一ＫＷｈ当たり五百グラム〉
→二千五百億ＫＷｈから一・二五億トンのＣＯ２発生

日本全体のＣＯ２が、一割増える
日本全体の炭酸ガス発生量　→年間十・五億トン
＊原子力発電を全部停止すると、殆どがＣＯ２を発生する化石燃料（石炭・石油・天然ガス）を使うことになる。

よって

→←合計約十二億トン（一割増）

原子力全停→ＣＯ２の増加分一・二五億トン

結果　日本からの炭酸ガス排出量が一割増えることになる。

{第１１図} 原子力発電所が全停止した場合の CO_2 発生量と抑制必要量

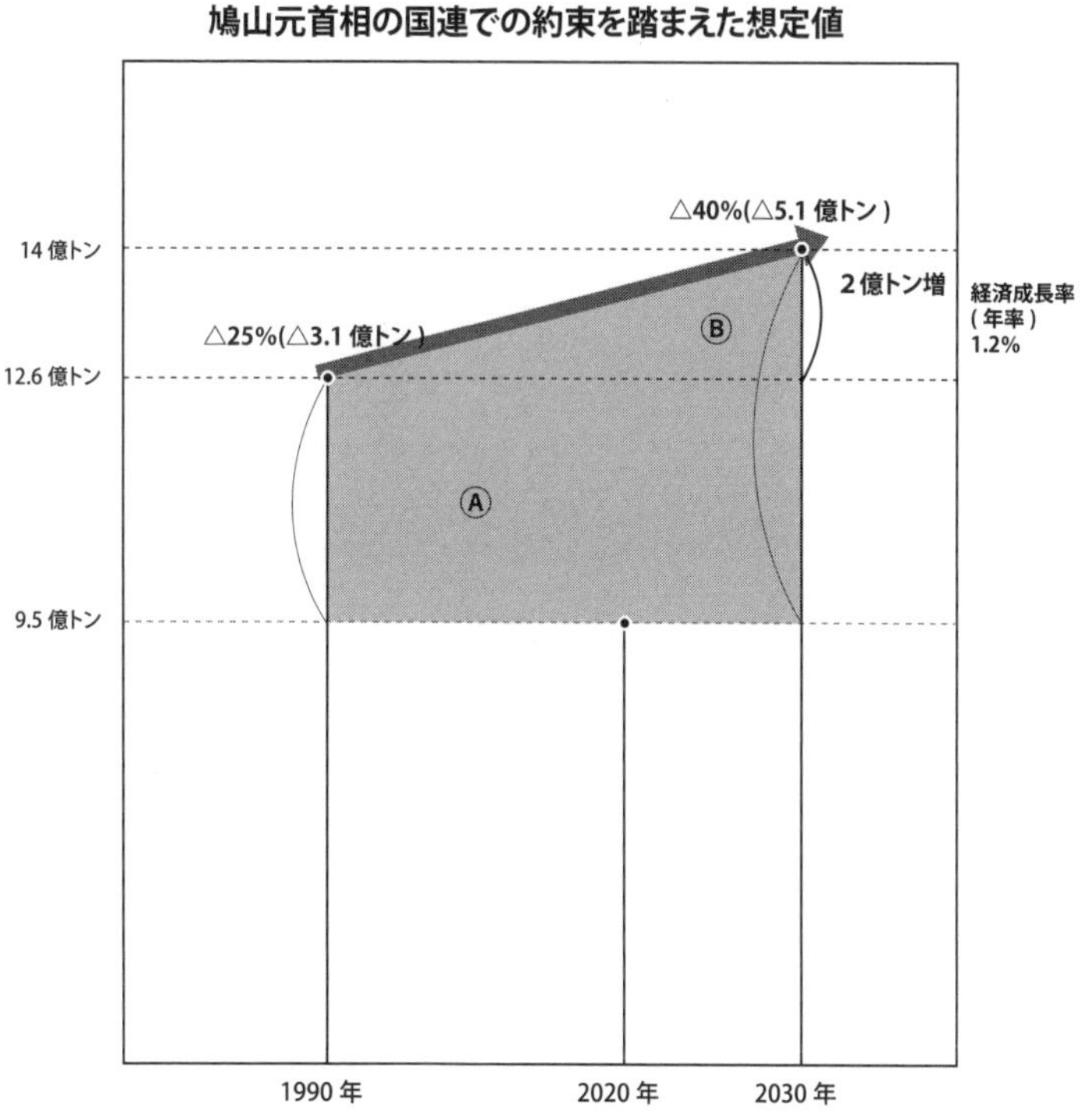

Ⓐ 鳩山氏が国連で約束した削減しなければならないベース分
Ⓑ 経済成長(年率平均 1.2%)に伴う CO_2 増分。これを加えて削減しなければいけない。

《何が問題か》

放射能も怖いけど、地球温暖化を引き起こすCO2は、空中に少なくとも二百年間滞留する。

放射性物質は、懸命に努力し地中に埋めるなどして、なんとか日本国内で処理できるが、CO2は地球を取り巻く大気圏に滞留し、全人類が被害を受ける。

二五%減らすと世界に約束した日本人が、放射性物質が国土の一部で発生したからといって、原子力発電所を全部停めてしまって、世界中が迷惑するCO2を勝手に一割も増やし続けて良いのか?

《日本人の倫理・道徳観は何処へ行ったのか》

バーベキューをしながら、元〈鈴貫《すずかん》〉のレクチャーは、一区切りしました。

続いて、貫太郎先生が次のレクチャーをしてくれました。

その2
鳩山首相の国連での約束はどうなるのか？

【鳩山さん↓一九九〇年比二五％ＣＯ２を減らすと宣言】

これは大変な話。

一九九〇年の日本のＣＯ２排出量は十二・六億トン。よって二五％減らすとは《九・五億トン》にすること。

原子力を、この一年間全停すると、前述のように日本のＣＯ２排出量は《十二億トン》になる。

↓

経済の成長〈一・二％〉を加味しますと、二十年後の二〇三〇年には、ＣＯ２排出量がさらに二億トンは増え、合計十四億トンぐらいにはなる。

それを鳩山さんが世界に約束した九・五億トンにするには、何と《四・五億トン》を減らす努力をしなくてはなりません。

⇄

要するに、四〇％もＣＯ２を減らす努力をしなければなりません。《原子力発電》を抜きにして、そんなことは全く無理ということです。

さらに、電気料金のコストも、当然増えます。

結論は……大震災が発生したことで、みんなが忘れてしまったようだが、世界の人たちは《日本の首相の二五％約束》をしっかり覚えている。

鳩山首相は、原子力発電所を五十四基からもっと増やすことで二五％を達成しようとしていた。

同じ民主党の野田首相は、それを思い出すべし。

よって、福島の事故は徹底解決するとして、それと他の原子力発電所が定期検査で全部停まっていることとは、全く切り離して考えなくてはならない。

それを、はっきり政府が宣言して置かないと、ずるずると何時になっても「福島の収拾が付かないと」という理屈を持ち出されたら、原発は結局ずっと動かせないことになりかねない。

兎に角《原子力発電を再稼動は必修》だというのが、貫太郎先生の結論でした。

《電気》は水や主食のコメと同じ〈公共物〉だから、低価格で使うというルールがあって、初めて世の中は成り立っている。

特に、電気を使わなければ仕事が出来ない中小企業は原子力発電があって、初めて成り立っていること。

そういう《根本》を是非考えないと、日本経済は破滅する。

それが、貫太郎先生の結論でした。

第6回
脱原発で何が起きるか→貫太郎先生の怖いホラー話

その1
石炭・石油・天然ガスを使う火力発電がメインになる日
→太陽光・風力等再生エネルギーは一割

貫太郎先生からレクチャーを受けたお父さんの守田和夫さんが、言いました。

「すごいね、流石に昔の《鈴貫《すずかん》》は、今も冴えているね」

「いやー、大したことはないが……これは僕の持論だからね。つい熱が入るんだ」

と、少し照れながら貫太郎先生はビールを飲みました。

和夫さんが、貫太郎先生の話の続きを催促しました。

「今年もしも定期検査で止まっている原子力発電所五十基が、新たに政府が打ち出した《安全基準》を固執して、地元の反対等で動かせなかったら、国民経済にどれだけ影響が出るのか。そこを教えてくれないか」

貫太郎先生が「そう簡単には言えない。いろいろな条件があるから」と、禿頭を撫でながら言いました。

「じゃー、教えて貰えないのか？」

すると、貫太郎先生がパソコンを借りて、自分の研究室のデーターを引き出し、改めて全員を前にレクチャーしてくれました。以下はその内容です。

森山貫太郎先生のフォーカス。先ず、貫太郎先生が出した発電のコスト比較は、次の通りだという。（一三六頁第12図参照）

〈一KWh当たり円〉
原子力　八・九
石炭火力　九・五
LNG　一〇・七
風力　九・九〜一七・三
地熱　九・二〜一一・六
住宅用太陽光　三三・四〜三八・三
（注）二〇一〇年のモデル。但し、風力、地熱、太陽光は二〇一〇〜二〇三〇年のモデル。

すなわち、現在、原子力発電が一番安い。

それでも福島原子力発電所の事故原因が解明され、あのような事故が起きて《放射性物質》が出ないようにする確実な対策が、他の五十基の原子力発電所に施されない限り、稼動に同意出来ないと頑張る人たちがいる。

これでは、日本という国はそのうち他の国に乗っ取られるよ！
というのが貫太郎先生の結論だった。

和夫さんがびっくりして聞きました。

「日本が乗っ取られるって、鈴貫《すずかん》、それはどういうことだ」

お酒のせいで赤い顔になった貫太郎先生は、禿頭を摩りながら、「あのですね、実に恐ろしい話だ」と言って、話を始めました。

同時に「これはあくまで地球のことではない、ホラー話だからね」と断ったことは、言うまでもありません。

いつの間にか、お母さんの明子さんも、中学二年の裕子さんも《恐ろしい話》を、興味深く聞いていました。

「では……」といって話を始めた、貫太郎先生の話を要約すると次の通りです。

その2〈ホラー話①〉百二十億年後に、宇宙の果てで語られている話
――幸福なクラブ星と惨めなライト星

宇宙の果てに、ちょうど太陽系と瓜二つの惑星群が在りました。百二十七億光年の彼方です。

つい最近、宇宙の誕生に近い最も遠い百二十七億光年先に在る《原始銀河団》が、発見されました。

《一光年》という単位は、約九兆四千六百kmだというから、途轍もなく遠いところの話です。

宇宙の果ては、一体どうなっているのか、未だに判っていないが多分無限に、しかし丸くなっているのだろうか。↓貫太郎先生の判断です。

宇宙も多分、バランスを取っているとしか考えられない。全く瓜二つではないだろ

うが、われわれの地球の反対側に似たようなものが在ると思います……とすれば、必ず瓜二つに近いことが反対側でも起きているというのが、この貫太郎のホラー話です。

そのバランスを取って、宇宙の果てにこの地球が在るのと同じような銀河系の惑星群の、そのまた外れに太陽系にそっくりの……↓《黄泉》と称する惑星の塊が在ります。その中心は、太陽と同じく数万度に熱された直径四十万kmの「黄泉」です。

この「黄泉」の様子が、光と同じ速さの電気そして電波に乗って、最近伝わってきたというわけです。

その「黄泉」の恒星には、地球の約半分ぐらいの二つの惑星がありました。

「グラブ星」と「ライト星」です。

双方ともに、人間に似たような知能を持った生き物が、星全体を支配しておりました。

最初は、幾つかの国に分かれていましたが、字が書けるようになり、特に電気を使うようになってから、急激に科学が発達しました。

数十万年の間に、二つの星はそれぞれ全体を統一する政治体制が出来上がり、星同士の交流が行われるようになりました。交流が何故必要だったかと言えば、二つの星の資源状態が全く異なっていたからです。

資源の無い「グラブ星」と、豊富な資源を持つ「ライト星」とは、全く違った環境でした。

「グラブ星」は、地球と同じく火山が多く、しかも今述べたように資源がありませんでした。

だから、そこに住む頭脳人（このストーリーでは一応《人間》としておきます）に取っては、水・主食のコメ・電気の三つは、生きていくための「三大公共物」でした。

資源が無いため、「グラブ星」ではすでに《原子力発電》六〇％と《核融合発電》二〇％とで、電気の殆んど八割を供給しておりました。残りの二割が、水素発電・水力発電・自然エネルギー発電でした。

水素発電や自然エネルギー発電は、どうしても稼働率が高くありません。稼働率八〇％以上で、大量に発電生産出来る原子力発電や核融合に対して、三倍以上のコスト高です。

特に原子力発電では、核燃料のリサイクルがこれも苦労の末に確立されており、発電のコストは最も安い状態でした。もちろん、放射性物質の封じ込めは完璧です。

何故ならグラブ星の人たちは、隣の「ライト星」とは」違って「グラブ星」ではCO2を出さないということを基本にしているからです。それに誰でも自由に電気を使えるように、低料金にすることが出来る発電を、長い間の努力で達成しておりました。このため、安い電気を沢山使った高度な技術開発によって、経済がどんどん成長発展して人々が豊かになっていました。軍事力も、大いに蓄えたのです。

一方、もう一つの「ライト星」には、先ほどのようにエネルギー資源が沢山ありました。苦労せずに、食料や電気を作ることが、ずっと以前から可能でした。

われわれの地球に在るような、石炭や石油や天然ガスのような、化石燃料が非常に豊富でした。もちろん、ウラン資源も在ります。

だが、「ライト星」では、ウランをエネルギー燃料として使う必要は無かったのです。医療用に使ったりする小さな、実験用原子炉程度は稼動していましたが、何しろお金さえ出して隣の「グラブ星」に注文すれば、幾らでも必要な放射性物質は買えましたので、結局全てを化石燃料以外はもう何百年も前から、使わなくなっていました。

このため、どんどん使っているうちに、三百年ぐらい経った頃、「ライト星」の環境問題は大変なことに成り出したのです。

硫黄酸化物ＳＯＸ、窒素酸化物ＮＯＸそれに炭酸ガスのＣＯ２が、どんどん放出され、気が付いたころには取り返しの付かない状態になっていました。

その除去対策に、「ライト星」の人々は、懸命に努力していました。ＣＯ２除去の負担が巨大になり、遂に「ライト星」の議会では、国防費や軍事費を削りました。

極端に言えば、隣の「グラブ星」の半分以下の軍隊しか居なくなりました。

でも、空気は益々悪くなり、水も飲めないぐらいになりました。

同時に、電気料金すなわち電気を買う値段が、どんどん高くなり、「ライト星」の人口の三割ぐらいの富裕層ないし中間層の人しか電気が使えなくなりました。

ちなみに、「グラブ星」も「ライト星」も、殆ど人口は同じで、二十億人ぐらいずつでした。「グラブ星」では、二十億人全員が、何不自由なく電気を使います。

しかも、既に性能の高い蓄電池が開発されておりましたので、人々は電気を蓄電して何時でも自由に使えるようになっておりました。

だが、先ほどのように一方の「ライト星」では、全く逆で政治家や役人は「節電」を必死に呼びかけていました。隣の「グラブ星」のニュースを聞いて、頻りに羨ましがっていました。

十億人以上の人たちが電気無しの暗い夜を過ごす状態でしたので、犯罪は増えかつ疫病や伝染病が蔓延して、毎年何十万人の人たちが犠牲になります。

しかも犠牲者は、子供や年寄りが多いので、人口はとっくに減り始めています。それに、CO2の濃度が高くなって、窒息死する人が増え出したから堪りません。

遂に、「ライト国」では、貧困層からの暴動が頻発する事態となりました。

最近開かれた議会でも、大統領や政府のトップに対する責任追及が激しくなっていました。

↓何が最も重要な議題かといえば……

《何故、この星では「原子力発電所」を造らなかったか》ということです。

隣の「グラブ星」のように、何故もっとCO_2の出ない、コストの安い電気を造ることをしなかったか。国民は、政治家を猛烈に追及しています。

このように追求をされても、今や政治家はどうにもなりません。↓「ライト星」の大統領は、この星の元首である《星の王様》に相談に行きました。

その3
〈ホラー話②〉グラブ星はライト星を救えるか

「グラブ星」の国連会議（この百カ国の代表が集まる議会がこの星の最高決議機関）が、真剣な討議を始めておりました。

こちらの星でも、星全体を統括する元首は王様でしたが、すでに二千年の伝統の在る「グラブ王家」が、象徴的な存在となっておりました。

どうやらわれわれ地球の場合の東洋の日本とかタイ、あるいはイギリスやオランダなどの、王制に似たようなものではないかと思われます。

すでに、「ライト星」から「星の王様」の信任状を持って、大統領が超特急で約一カ月間を掛けて、放射能の海の中を専用ロケットで隣の星から到着しております。

隣の星の大統領は、深々と頭を下げながら、自分たちのお願いを議会で説明して、退出してきたばかりです。その上で、「グラブ星」の国連会議の審議状況を、隣の部屋でテレビ画面を見ながら、固唾を呑んで待っているところです。

←だが、審議は簡単ではありません。

何故かと言えば、先ほど大統領が説明した「ライト星」の「星の王様」が出してきた救済のお願いの内容が、余りにもびっくりするような、とても直ぐには結論を出し難い要請だったからです。

次の通りです。

←

第一「ライト星」に至急「グラブ星」から、軍隊を派遣し暴動を鎮圧して貰えないか。二百万人ぐらい、完全武装で来て貰えないか。

第二　CO2の出ない原子力発電所を二十箇所二千二百万KW、至急造って貰えないか。資金は、取り敢えずは貸して貰らいたい。

第三　原子力発電所が完成するまでの数年間、CO2やSOX、NOX等で汚れた「ライト星」の大気の浄化を、是非お願いしたい。

第四　暴動が落ち着く間でよいから、「星の王様」を預って貰えないか。(人質と考えて貰ってもよい)

いずれにしても、大変な話です。

「グラブ星」の国連会議は、このところ連日連夜、この議案で激論が戦わされておりました。

もちろん、隣の星の運命を左右するような、こうした前代未聞の救済願いを疎かにすることは出来ません。

何千年もの長い間に亘って、お互いに助け合ってきた星同士でもあるからです。

←

しかし、この「ライト星」の要請を受け入れるということは、「グラブ星」の二十億人の国々に多大な負担を掛けることになります。

例えば、二百万人の完全武装の軍隊を送り込むには、ロケット輸送船を五十万隻以上、至急建造しなければなりません。

人材の徴兵も行わなければ成らないし、百カ国以上在る各国に、《ライト星特別救済税》を賦課しなければなりません。

また原子力建設の準備も、大変です。尤も現在の日本のように原子力発電所の立地が地域住民の猛烈な反対で、出来ないというようなことは無いので、その点は羨ましい限りですが……要請を充たせるだけの人材が、果たして約束出来るかということです。

「グラブ星」の国連議会では、普段からもっと原子力関連の技術やマネジメントの人材を、計画的に養成して置くべきだったという反省が頻りに行われておりました。

それに、今度の「ライト星」の緊急のお願いの裏に、もう一つ彼らが表に出したがらない、しかしさらに大きな「星の王様」の真意が在ったのです。

《それは何か？》

↓

後五、六億年すると、「ライト星」は寿命が来てガス体になって消滅するという運命に在ると見られているからです。

──→それは、《黄泉》という恒星そのものの引力が弱くなり、この「黄泉系」の惑星群が宇宙から消えるということが、すでに科学的に計算されているからです。

このため、原子力発電の輝かしい技術力によって、すでに他の恒星群の惑星（彼らの二倍以上面積が大きい星）に近々……といっても百年後ですが、「グラブ星」の二十億人全員が異動する計画を進めていたのですが……この重大戦略にも、「ライト国」からの救済願いは、大きな影響を与えるからです。

今回の「ライト星」の救済願いは、何となく噂には出ていましたが、まさか本当に出てくるとは思えなかったのです。

何しろ、「ライト星」の運命を「グラブ星」に預けるに等しい↓《白旗を揚げて降参する》ということですから……。

さて、【グラブ星の決意】はどうなったでしょうか？

また、新たな情報が入りました。

矢張り、「グラブ星」には、二千年の伝統の在る人類愛が在ったようです。数ヶ月間に亘って、国連議会の各国議員は、喧々諤々の議論をした末に、「ライト星」も救うべしという結論になったといいます。

日本人の「武士道」、あるいは「儒教に言う《明徳》すなわち仁義礼智信」というような「正義」が在ったのでしょう。

もちろん、「グラブ国」の国連議会は「ライト国」に対し、幾つかの義務を要請して、とにかく共に未来に向かって一緒に進んでいこうという約束をしたようです。

その要請の一つに、新しい《ニューユニバース》と称する恒星群に移る惑星の星では、何と言っても「水・主食・電気」の三つは、生きていくための《基本的公共物》であり、そのために「低廉で安定的な電気の供給は《原子力発電所》であること」を、両星の条約に書き込むこと→このため、「ライト星」からも、こぞって人材を派遣してもらいたい、という条件を示したということです。

←

こうして、百二十七億光年の昔に、二つの星が協力して移った新たな両星の住民が一緒に住んでいる新恒星〈ニューユニバース〉の巨大な惑星《新グラブ・ライト星》が、夜空の何処かで今も輝いている……というのが、森山貫太郎先生の〈ホラー話〉の落ち処でした。

第7回
「走る再生エネルギー導入の現実と課題」

その1
円形劇場の中だけしか見ようとしない日本人

貫太郎先生の、《ホラー話》を聞いた翌日の月曜日に授業の合間をみて、一郎君たちが貫太郎先生にお礼を言いに行くと、先生は次のように述べました。

「日本人は今、円形劇場の中だけで、騒いでいるということだよ」

「はあー……」と言って、三人はもう少し貫太郎先生の意見をしっかり聞きたいという顔をして、禿頭を撫でている先生の動作を見守っていました。

尤も研究室の入り口に居る秘書のような女性からは、「先生はお忙しいので、約束通り三十分間にして下さいね」と言われていました。

ですが、話が聞きたい三人は時計を見たり、もう少し質問したいような雰囲気です。

すると、貫太郎先生がそれを察したか、「あのですね、ちょっと待って」と言って、入り口の秘書のような女性を呼びました。

その女性が来ると「あのですね……、六時限目の経済史の講義は横山君、あなたが代わってレクチャーして下さい。私は、この三人の学生ともう少しディスカッションしたいので、頼んだよ」

と言いました。

横山君と言われた秘書のような女性が、「わかりました」と言って、慌てて講義をする別棟の方に出て行きました。秘書ではなく助手だったのです。

「あのですね、君たち、この間質問していた太陽光とか風力とか、そういう自然現象を利用する発電が、果たして石油・天然ガス・石炭などの化石燃料とか、それに原子力などの代替が出来るのか……確かそういうことを知りたい、ということだったね、違う?」

また禿頭を丁寧に摩りながら、真面目な表情で聞きました。

すると三人は口を揃えて「イエスサー」と、元気よく答えました。

「よか質問じゃ。ばってんが、この話は相当に誤解されておるのが残念ですたい」と、照れながらわざと九州弁で述べました。

「と言われると……」と三人は、口ごもりました。

「それでは、場所を変えよう」

貫太郎先生はそういって立ち上がり、雑談出来る場所に移動しようと言って、十六階にある食堂の一角を電話で確保しました。

｛第１２図｝発電主体別コスト等比較図表

種別		発電規模	稼働率	生産量／年間	単価／kwh	CO_2
原子力		110万kw(1基当たり)	70%	6億7千万kwh	8・9(8・9〜)	無し
火力	石油	100万kw(1基当たり)	50%	4億4千万kwh	22・5(25・1)	有り
	石炭	60万kw(1基当たり)	80%	4億2千万kwh	9・5(10・3)	有り
	LNG(天然ガス)	100万kw(1基当たり)	80%	7億kwh	10・7(10・9)	有り
自然エネルギー	太陽光(メガソーラー)	1万kw	12%	8百万kwh	30・1〜45・8(12・1〜26・4)	無し
	風力(陸上)	1万kw	20%	24万kwh	9・9〜17・3(8・8〜17・3)	無し
	地熱	1万kw	80%	2千万kwh	9・2〜11・6	ほとんど無し

〔注〕貫太郎先生の長期見通し前提条件

①限りなく「円高」が続く

②製造業中心の成長経済から転換

③石油等化石燃料の高騰継続

④CO_2等増による地球環境一層悪化

（説明）1. 単価は、2010 年のモデル。カッコ内は、2030 年のモデル

2. 太陽光と風力発電の単価は、2030 年のモデル。そのカッコ内は、量産効率から生まれた場合のコスト低減による単価

（資料）平成 23 年 12 月 19 日エネルギー・環境会議コスト等小委員会が発表した「コスト等検証委員会報告書」を参考にしたもの

この第12図は、森山貫太郎先生が、これからの話をするための材料として持ってきたものでした。

食堂のややゆとりのある椅子に掛けると、早速貫太郎先生のレクチャーが始まりました。

「あのですね、最近もマスメディアを含めこの国が、何を《電気》を作るためのエネルギー源として選択すればよいかを、議論する記事はとても多いんだ。だが、どうも最初から彼らは《脱原発しか無い》とか《自然エネルギーに舵を切るべし》などと、先ず結論を決めてしまっている。そこが問題なんだ」

「あまり根拠を調べないで、何となく空気とか匂いのようなもので決めているということですか」

才媛の矢沢さんが、そう述べました。

「その通り、特にローカル紙はひどいね。大衆世論を気にしているというか……むしろ逆に世論作りをしている節さえあるな」

貫太郎先生は、この七月から導入される太陽光発電の全量買取制度に、わが国政府の焦りを感じると言いながら、さらに次のように述べました。

「あのですね、こういう電気という主食や水のような生活とか企業活動の必需品を生産するための、いわば《原料》に何が良いかを議論するときの最も重要な『キーワード』は、君たち何だと思うかね？」

ずばり、答えてみなさいと森山貫太郎先生がみんなを見回しました。

一体、何だと思いますか？

ヒントを述べましょう。

「肝心なことは、常に考えることだよ」

そして「あのですね、こうした判断には、何時も《前提条件》を考える→これですたいね」

《前提条件》を客観的に組み立てて見ること

先ず第1に、森山貫太郎先生は《円形劇場だけを見ていては駄目》と指摘しました。

「円形劇場」というのは、要するに身の回りのガラスの中だけの劇的変化に拘り、その変化が《劇場の外》の社会にどう影響するかを考えていないことを示しております。鋭い指摘です。

第2に、劇場の外を見る着眼点を3つ挙げました。

第1に「世の中の発展状況」→電気は益々大量に必要となるかどうかの判断

第2に「安定的なコスト条件」→再生エネルギーへの期待値と時間軸
第3に「戦略的条件整備の可能性」→競争条件へのハドメ

さて、3つとも重要なので、続けて検討してみることにします。

その2
世の中の変化→《電気》をこれから益々必要とするかどうかの判断とコスト

「極端に言えば、すでに《電気》が無くては人間は過ごせない世の中になりつつあると思います」

矢沢さんが、そう述べると貫太郎先生が、《合点》と首を縦に振りました。

そして先生は、人間の欲望は益々「人間の代わりをするいわばロボットを一層使おうとする。そして、ベンチャー的なスキルを極めようとする」と述べました。

一郎君も伊藤君も、なるほどと思いました。

「省エネルギーは、どんどん進むが、同時に蓄電技術は一層改革されて、省エネどころか逆に人間はどんどん電気を使うと思うよ」

貫太郎先生が、このように強調しました。

「でも先日わが家に先生がお出でになった時にも、確か父が話していましたが、最近よく言われる《スマートグリッド》によって、賢く効率的に電気を使うから、電気の消費量は増えないという意見も在りますね」

一郎君が、質問しました。

「なるほど、いいところに気が付いたね……君のお父さんは昔から秀才なんだ。だが、この点については、この貫太郎のほうが分があると思うね」

この貫太郎先生の発言に、三人とも引き付けられました。

「どうだろうか……君たち、例えば豊富に綺麗な水があるのに、毎朝の洗面でいちいち節約〈省エネ〉を気にするかね。

きっと、思いっきり使うだろう」

そう言われて、三人はなるほどと思いました。貫太郎先生は続けて、次のように述べました。

「電気だって同じだよ。特に蓄電の技術がもっと進み、幾らでも蓄電して置けるとなると、どんどん私どもは電気を使うだろうな」

そこで、重要なのが第二の条件だと、先生は述べました。

「それは、矢張りコストということでしょうか？」

矢沢さんが、そう発言すると「君たち益々気に入ったよ。

その通りコストが最も重要なんだ」

「ところが、最近やたらと太陽光発電とか風力とかを積極的に導入すべしという専門家の意見を見ると、殆どがコストのことは眼中に無いようだ」

森山貫太郎先生は、そこを強調しました。

「この点については、とても重要だから改めて説明することにしよう」

その3
戦略的条件整備の可能性→競争条件へのハドメ

森山貫太郎先生は、さらに語気を強めて述べました。

「いいかね君たち……今まで述べたことを、是非まとめて貰いたい。出来れば、本にしたいと思っているからだ」

「えっ！」

と三人が叫びました。

「先生、そんな魂胆があったのですか？」

すると、貫太郎先生はにこっと笑顔になりながら述べました。

「一郎君のお父さん、すなわち矢沢和夫支店長〈鈴和君《すずかず》〉と相談したんだ。この間、福岡の同友会で講演しろと言われて話をした……内容は、今君たちに話しているようなことだった」

そう述べた後、次のように続けて貫太郎先生が宣言した。

「その折、君たち三人に手伝わせて本にしようと内々相談したんだよ。だから、もうすでに君たちは、その本作成の中心人物になっている」

「ひどいですよ、先生！」

三人はそう叫んだが、まんざらでもない雰囲気に段々成っていました。

それでは、肝心の三点目を述べるよ、と貫太郎先生がさらに口を開きました。

「先ほどのホラー話ではないが、地球の温暖化問題は益々深刻になって来ると思う。

昨年の長雨や台風による洪水被害、それに近頃の関東地方の広範囲に発生した竜巻のようなことや、摂氏四十度を越したり、逆に冬の零下何十度にもなるような気候変動。

そうしたことが、急激に増えているのは、われわれ人間が使うエネルギーが出す、正にＣＯ２によって、地球温暖化が進んでいるためだ。

だから、何としても太陽光発電とか地熱・風力・バイオマスというような《極めて値段が高く、量的に限界が在る》ものだけでは無しに、矢張り「原子力発電」を最優先に活用すべし、というのが先生の結論だ」

熱弁を聞いていた一郎君が「先生判りますが、先ほど《ハドメ》が必要と言われたことと、どう結び付くのですか？」と合いの手を入れました。

すると

「しもた！　うっかりしとったばい。そこが肝心たい。よく気が付いてくれた」

そう言って、次のように述べました。

「諸君……といっても三人だが、温暖化の根源になる化石燃料を抑えるには、何と言っても《低価格》が勝負である。それに、ＣＯ２がフリーすなわち出ないことです。

それが、わが日本国民の持つ強力な武器になる。

すなわちハドメである。このことを、しっかり本に書きたいんだよ」
矢沢さんも伊藤君も、それに一郎君もきちんとメモを取っておりました。

第8回
大地震・ツナミと安全な原子力発電

その1
高過ぎる安心の代償→国民的課題を考えよう

ついに、森山貫太郎先生と守田和夫支店長の作戦に嵌められたかたちの三人ですが、元々やる気満々の学生ですので、相談し合って「では、こっちから先生に残りの部分を催促しよう」ということになりました。

以下は、貫太郎先生が出してきたペーパーを、三人が整理したものです。

第一は《地震・ツナミと原子力の安全性》

これについては、チェックポイントを明確にした上で、議論出来る材料を提供しないと、意味がないというのが貫太郎先生の結論でした。

要するに「安全性」とは、どういう基準で、どのような観点で《安全》を捉えれば、人間は《安心》するかということです。

1・この場合、基本的に「原子力を使用して電気を起こすこと」は、全て《悪》だと決め付けてしまうという意見を基にしているもの→そういう考えに対しては、ここで取り上げる対象からは外すしかありません。

2・「安全性」を全て「今回の福島第一原子力発電所」の事故と同じレベルで判断し対策がなされていなければ、定期検査で運転を停止した発電所は《再稼動》すべきでない、という意見が地方自治体や一般的な世論に多いようです。

→これについては、次の二つの観点から考えるべきではないでしょうか。

(1) 一つは、他の五十基のうち、福島第一の事故と同じレベルの地震やツナミが想定されるところが、在るのかどうか→これから、何が起きるか判らないので、判断が付かないというのでは、全く科学的でもないし常識に反します。

(2) 二つには、福島第一の事故はあくまで《電源喪失》が基本である→よって、他の五十基については、その点の対策がきちっと在るかどうか。そこを基本に、判断するということが必要であろうと思います。

以上を踏まえ、今年五月五日に北海道の泊原子力発電所三号機が、定期検査で停止して以来現在まで、わが国の四千八百万ＫＷの原子力発電所が全て停止したままです。

この国民的損失は、一体どれだけ大きいかを、国民のみなさんは、しかと考えるべきでしょう。

少なくとも
①一年間全部停止したままだと、燃料費コストの増分だけで三兆円
②代替火力電源等準備（修繕含む）五千億円
③地元雇用等地域経済のマイナス二兆円
④原子力関連技術の遅れ発生
⑤新規人材の喪失（技術者育成含む）
⑥海外への原子力関連輸出・経済協力への影響甚大
などが、考えられます。

全て以上は、これからの日本経済の成長発展の阻害要因となり、取り返しが付きません。

国民の世論は、こうした大きな判断で「かたくなに原子力忌避」という一方的な姿勢ではなく、もっと公平な大きな視野で、本当に「原子力の平和利用」を止めてもよいのか、ということを真剣に考えて貰う必要があります。

その２
トップ・リーダー個人プレーの危険性

昨年の五月と言えば、片や当時の菅首相が突然、中部電力の静岡県に在る浜岡原子力発電所三基三百六十万ＫＷの停止を要請した時期でした。

当時中部電力は、全く安定的にフル稼働していた原子力発電を突然停止することに、相当な抵抗を感じたようですが、他ならぬ総理大臣の要請ですから、止む無く全停しました。

総理大臣の要請の根拠は、この数年以内に東南海沖地震発生の確率が七〇％あるという、地震学会の推定が出ているということを捉えたものでした。

この時のトップリーダーの判断と指示に、大きな疑問があります。

そのポイントは、次の三点です。

（１）一つは、不確実性を確実視する判断の誤謬です。

もちろん、確率七〇％という数値はかなりの危険数値であることは確かでしょう。

しかし、大地震が起きそうな予兆も何も無いのに、すなわち、不確実さが正に《不

確かである》のに、

それを《確かなもの》に置き換えるという「判断のミス」は、却って損失のみが大きくなるということです。

ちなみに、その後今日まで「正に幸いなことに」何も起きておらず、ただいたずらに三百六十万KWの停止による損失（毎日約五億円）のみが、発生しています。

一体この損失は、誰がどのようにして埋めるのでしょうか。

（2）政府の安全対策方策の立て方のミス

次に内閣総理大臣が、性急に求めた安全対策の方策に大きなミスがあったと思います。

もしもあの場合に、どうしても予防対策が必要だったというなら、現に安全に運転中の原子力発電所を、緊急停止するというゼロ方策ではなく、むしろ運転を継続しながら予防措置を講じるという、次善の方策を取るべきだったといえます。

その手段としては、あの当時緊急出動中の自衛隊と、それこそわが国の秀でた建設業界を糾合して、緊急に臨時の防潮堤を建設する措置を取ることをすれば、相当に堅固な安全対策が実行できたのではないでしょうか。

そうすれば、運転停止のマイナスは全く生じず、今日に至っているといえます。むしろ、緊急に造った防潮堤と安全に運転中の浜岡原発は、観光名所になっていたかもしれません。

政府の総合的な智恵を、糾合しなかった大きなミスとしか言えません。

（3）国家の安全とトップ・リーダー個人プレーの危険性

今回の地震・ツナミが齎した原子力災害における最大の問題は、トップ・リーダーの個人プレーを見過ごした、政治政策統治機構の組織的な脆弱性ということが挙げられます。

如何に災害の危険性が高いからといっても、国家の組織的統治機構の総合判断から、浜岡原子力発電所の運転停止が結論付けられたのなら未だしも、単なる首相個人の個人的判断で、物事が決定した点が最も大きな問題です。憲法の基本である議院内閣制の基で、むしろそうした首相の独断専行を許してしまった民主党の、政党としての不安定さが大きな課題であります。

私ども国民は、こうした点をこの原子力災害の安全対策に伴う事後処理と、再稼動問題を考える際の大きな着眼点にすべきだと考えます。

その３
海外から評価される匠の技術

上述の菅首相が、浜岡原子力発電所の全停を中部電力に要請した同じ時期、ベトナムから遣ってきたグエン・タン・ズン首相は、その前の年（二〇一〇年十月）の約束通り、同国に建設予定の原子力発電所二基を、日本から輸入すると、公表し、マスコミを驚かしました。

しかし、よく考えて見ると、これが当たり前の判断なのです。マスコミはともかく、専門の評論家や学者の中には、日本という自国の匠の技術や企業の取り組みを、とにかく悪者に名指しで仕立て上げ、この国が今や放射性物質で住めない国に成りつつあると、公然と喧伝する人たちがおります。

そうした振る舞いが、如何にわが国のマイナスイメージを創り上げる道具になっているかを寧ろ考えるべきではないでしょうか。

こうした向きに対し、私どもはむしろ上述のベトナムの首相の価値判断のように、わが国の優れた原子力技術を、世界に誇れるものとして、大いに自信を持って評価していくべきだと考えます。

その判断基準の一助として、以下の各点を敢えて取り上げて置きます。

①災害列島といわれるわが国で、耐震設計を十二分に施した高度な建設と運転の能力を保持していること

②この度の大震災・ツナミで事故を起こした福島第一原子力発電所の未曾有の事故処理を、困難を克服しつつやり遂げるという、極めて優れた匠の技術を、評価すべきこと

③実質的に事故を起こした原子力は、福島第一原子力のみであって、他の原子力発電所五十基約四千四百万KWは、無事故であること

第9回
「電気文明国日本のエネルギーと国民のコスト負担」

私どもは、全ての前提条件として四つのことを忘れてはなりません。

1・「文明国日本に居ること」↓世界二百カ国のトップに居ること

2・「文明は〔電気〕であること」↓百五十年前世界一早く電気を日本は導入

3・〔文明国では電気は空気や水と同じ公共物である〕

4・〔公共物はタダないし低価格でなければならない〕

以上を踏まえて、原子力発電所が全部停止した場合の影響を、考えて見たいと思います。

結論を言えば、企業も国民も原子力発電が低価格で安定的に供給され、公共物としての役割が無くなると、如何に経費面だけで無く物理的にもまた精神的にも大きくマイナスの影響を、地域社会に与えることになるかということです。

その１　原子力稼動無しが継続した場合、産業界や一般社会にどんな影響を与えるか〈対策前の影響〉

①電気代がどれだけ上昇するか《日本全体》

現在日本では経済界と国民が努力して、概ね毎年（ＧＤＰ）「五百兆円」を稼いでいます。

そのために、公共物である〔電気〕を使う経費が約十五兆円（三％）です。

〔注〕今から四十年前オイルショックの折、電気代の経費が、五％ぐらいに増加したことがありましたが、コストの安い原子力発電を懸命に導入したので、現在漸く三％になっています。

ところが、その原子力発電（五十四基）を一年間全部停めると、燃料費のコストだけで三兆円少なくとも増加します。〔電気〕を使う経費が、十五兆円↓十八兆円になりＧＤＰ比三・六％近くに上昇します。

②電気代がどれだけ上昇するか《九州の場合》

九州では、全国平均よりも九州電力が努力して、価格の安い原子力発電の割合が大きいため、原子力発電を停めると、その影響力も他の地域より大きくなります。

＊今までの九州のＧＤＰ五十兆円に対し、電気代は年間概ね一兆五千億円〔経費三％〕→今一年間原子力〔玄海・川内合計年間三百九十一億ＫＷｈ〕を全部止めた影響は、燃料費増加約四千五百億円

約二兆円になるため→ＧＤＰに対する経費は、先ほどの全国〔三・六％〕に対し、九州〔四％〕ととても高くなります。

③国民の負担は燃料費だけではありません。

〔直接的な影響〕

◎自家発電の導入や緊急電源装置などの設備投資増加

◎操業の土日シフト、夜間シフトに伴う人件費増加
◎労働者の身体的、精神的負担の増加
〔間接的な影響〕
◎電気利用の不安定化や電気代の上昇から、事業の海外移転や生産停滞発生
（注）電気代の上昇は製造事業等の低迷に繋がり、ＧＤＰが一％（五兆円）低下する。

その2
電気代が三割上昇することによる深刻な影響〈対策後〉

一般国民や企業は、電気代が三〇％（九州の場合は四五％）上昇することにより、次の二つの対策を行います。

〈対策1〉節電対策→総需要抑制
〈対策2〉電気事業者の経営効率化

このうち「対策1」の節電は、具体的にどのように行われるかを、昨年（二〇一一年九〜十月まで）日本商工会議所が東京電力、東北電力内の企業を中心に行っておりますが、それを要約しますと以下の通りです。

{第 13 図}「節電対策の内容とコスト」

節電対策の内容（製造業）

○製造業では 13.1%が生産抑制で対応
○労働強化（労働負荷 up）の傾向も顕著（操業時間変更 31.7%、土日操業 26.9%）

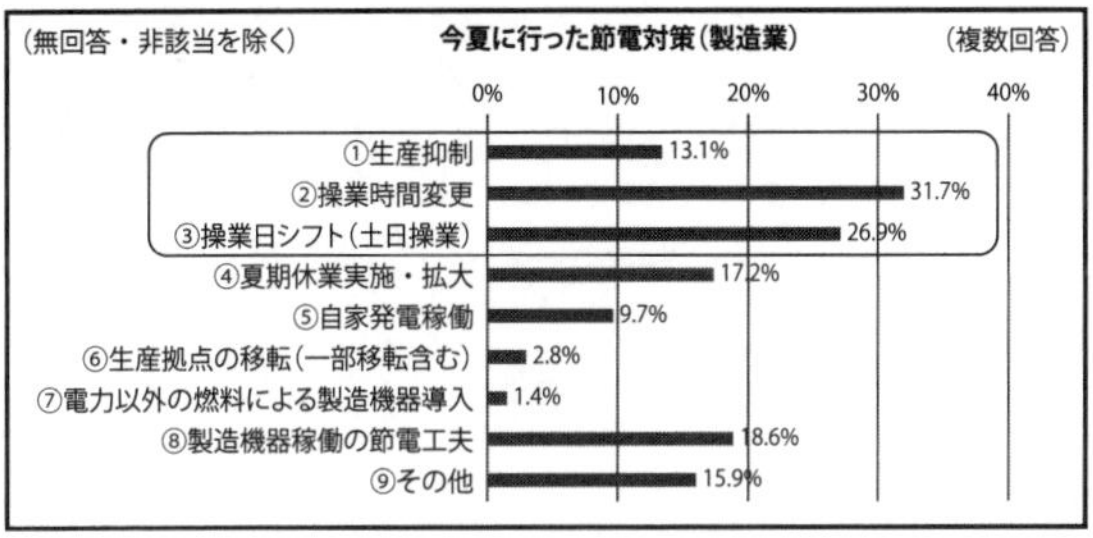

節電対策のコスト

○全体の 30.1%製造業の 40.7%でコスト増が発生。大口需要家では 53.0%
○製造業では、操業時間の増加に伴い、人件費・光熱費が増加

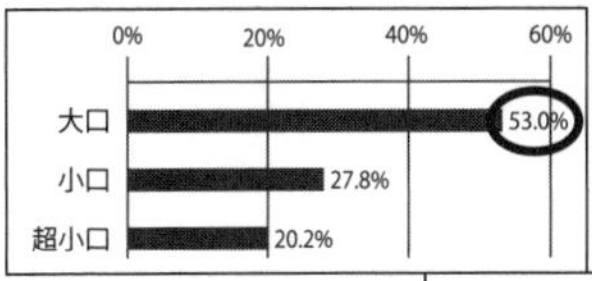

←契約種別毎の「コスト増発生」の割合

コスト増発生の要因内訳→
（製造業）

設備更新・補修等	32.2%
自家発の燃料等	13.6%
人件費・光熱費等	54.2%
その他	32.2%

［調査概要］
調査期間：平成23年9月30日～10月7日
調査対象：東京電力管内、東北電力管内の商工会議所会員
回答数：306件（製造業148件、非製造業158件）
（出所）2012.4.23需給検証委員会資料（日本商工会議所）

（1）節電対策の内容（カッコ内は比率）

以下のような、さまざまな対策が行われています。

①生産抑制（一三・一）
②操業時間変更（三一・七）
③操業日シフト〈土日操業〉（二六・九）
④夏期休業実施拡大（一七・二）
⑤自家発電稼動（九・七）
⑥生産拠点の移動（二・八）
⑦製造機器稼動の節約工夫（一八・六）
⑧電気以外の燃料導入（一・四）
⑨その他（一五・九）

（2）節電対策のコスト

◎事業者全体で、三〇・一％にコスト増加発生。
◎大口需要家では五三％がコスト増加
◎中小事業者も二七・八％すなわち3割がコスト増加

（3）コスト増加の要因（カッコ内は比率）

①人件費・光熱費増加（五四・二）

②設備更新・補修費増加（三二・二）

③自家発電の燃料増加（一三・六）

④その他（三二・二）

その３「ＣＯ２（炭酸ガス）発生対策の重要性」

原子力発電を抑制するのは、大きな問題ということを森山貫太郎先生は述べて来ましたが、もう一つ極めて重要な課題が、原子力に代わり「電気」を供給してくれるものが、結局火力発電が主体と成るので、石炭・石油・天然ガスなどの化石燃料であるとことです。

これは正に、極めてコストが高いことの影響は、先ほど纏めて述べたところですが、もう一つＣＯ２を大量に発生するというとても大きな課題があります。

これに対しては、当面諸外国との排出権取引で、その対策を講じるしか無いという状況でしょう。

以下この点を、整理して述べます。

〔二〇一〇年度の日本人が使用した一次資源エネルギー量〕

石油換算　約五億トン（原子力分を除くと四億二千五百万ｔ）

この内原子力発電のＫＷｈ（「二千八百億ＫＷｈ」）を換算すると約七千五百万ｔになる。（二五％）

右記四億二千五百万ｔから排出するＣＯ２↓十一億二千四百万ｔ

前述の原子力発電量に当たる七千五百万ｔが、正に化石燃料になると、約一億五千万ｔのＣＯ２が余分に排出される事になる。

日本からの排出量が十一億二千四百万ｔ
プラス一億五千万ｔ（＋一三％）
合計約十三億八千万ｔ
と増加する。

このコストは、世界での排出権取引の平均価格ｔ当たり二千円で計算すると、三千億円の負担となる。

燃料費の三兆円の負担増の他に、さらに1割程度費用が加算していく計算になります。

「問題は、単に経費増だけでなく、これだけ地球の気候変動が問題化している折に、放射性物質が危険だからという国内の事情で、地球環境問題を放置するという日本人の倫理観が、大きく問われる問題ではないかと考えます」

第10回
「再生エネルギーの導入とコスト」

昨年の3・11の大地震とツナミで、福島第一原子力発電所から放射性物質が放出して以来、定期検査で停止する原子力発電所の再稼動を抑えるべし、との声が大きく世論としてマスコミにより伝えられました。

その原子力抑制論と反比例して、太陽光・風力・地熱・バイオマスなどの再生エネルギーを積極的に導入すべきだという意見が、強くなっています。

《何故、再生エネルギーなのか》

最大の理由は、「放射性物質を生じないから」ということであろうと思います。

問題は、では求める再生エネルギーが簡単に得られるのかということになると、少なくとも次の三点の大きな課題に突き当たります。

その1
理屈抜きの再生エネルギー性善説

1・「第一に廉価であるべきこと」

再生エネルギーは全て《電気》として、そのエネルギー源を利用しようとするもである。

よって、

根本的には、電気は公共物であるから出来るだけ「廉価」出来れば「タダ」にする方向で考えねばならないものだ。

現状では、コストが高すぎる再生エネルギーが、果たして価格を下げられるものかどうか、甚だ疑問である。

2・「安定的な生産が可能であること」

益々電気は高度文明社会において、欠かすことの出来ない、それこそ「公共物」であるから、安定供給が基本的に要請される。

果たして、主要な供給源になるという保障は今のところ出て来ていないのが、実態ではなかろうか。

3・「大規模発電が可能かどうか」

天候や日照時間や有効稼働時間などから判断して、再生エネルギーが、わが国のような過密需要に対して、果たして大量の発電に適しているかどうか、かなりの疑問があります。

例えば太陽光発電一万KWの設備の面積と原子力発電百万KWの面積の違いだけでも、不経済であることが明確です。

以上の課題を前提に、具体的な導入状況を取り上げて見ますと、「第1表」〔日本全体の再生エネルギー導入状況〕並びに「第2表」〔九州地域の再生エネルギー導入状況〕のとおりです。

結論的に言えば、相当に頑張ったとしても、せいぜい一割増加すればという感じです。

{第１表} 日本全体の再生エネルギー導入状況

【2030 年度の再生可能エネルギー発電電力量見通し】（別紙１参照）　（億 kWh）

	現行ｴﾈﾙｷﾞｰ基本計画	総合資源エネルギー調査会 基本問題委員会 発電電力量（1 兆 kWh）に占める割合			2010（実績）①
		25%	30%	35%	
新エネルギー	1,075	1,170	1,546	2,015	225
風　力	176	281	657	1,126	43
太陽光	571	561	561	561	38
バイオマス等	328	328	328	328	144
水　力	1,139	1,174	1,174	1,174	894
地　熱	103	252	252	385	26
合　計	2,318	2,596	2,972	3,574	1,145

（参考事項）

○「現行・エネルギー基本計画（2010.6策定）」における2030年度の再生可能エネルギー発電量見通しは2,300億kwh。

○また、現在、「総合資源エネルギー調査会　基本問題委員会」において検討中の「新たなエネルギー基本計画（エネルギーミックス）」の選択肢素案として提示された同発電量の見通しは、約2,500〜3,500億kwh。

｛第2表｝九州地域の再生エネルギー導入状況

【2030年度の再生可能エネルギー発電電力量見通し（試算）】　（億kWh）

	現行ｴﾈﾙｷﾞｰ基本計画	総合資源エネルギー調査会 基本問題委員会 発電電力量（1兆kWh）に占める割合 25%	30%	35%	2010（実績）②
新エネルギー	84	97	150	215	(6.7%) 15
風　力	25	39	92	157	(14.0%) 6
太陽光	45	44	44	44	(7.9%) 3
バイオマス等	14	14	14	14	(4.2%) 6
水　力	79	81	81	81	(6.9%) 62
地　熱	55	136	136	207	(53.8%) 14
合　計	(9.4%) 218	(12.1%) 314	(12.3%) 367	(14.1%) 503	(7.9%) 91

（注）（　）は、日本全体の再生可能エネルギー発電電力量に占める九州の比率

（参考事項）

○2010年度実績における①「日本全体の再生可能エネルギー発電電力量」に占める②「九州の同発電電力量」の比率を基に、九州地域における2030年度の同発電電力量を試算すると、約200～500億kwh。

その2
再度、再生エネルギーの問題点の整理

しかも、コストの方は現在の全量買取制度を適用していくと、試算では二〇二〇年の時点で、総額七千七百億円〜九千四百億円の国民的負担となり、少なくとも全需要家にKWh当たり少なくとも一円程度の負担になるといわれております。

自然エネルギーないし再生エネルギーは、わが国にとっては貴重な資源でありま す。したがって、このような全量買取制度の導入も必要な政策の一つでしょう。しかし、私どもは是非ともその負担の重さを覚悟しておく必要があります。

例えばKWhという電気使用の単位で説明しますと、一家庭（四人家族）で毎月六百KWh（電気代約九千円）だとしますと、上述の再生エネルギー全量買い取り制度で負担することになる場合の電気代は、KWh当たり一円増加して、毎月六百円を全ての家庭が負担することになるということです。従って、ご自宅に太陽光発電を設置して全量を電力会社に買い取って貰っても、必ずその「付け」が回って来ることを知っておくべきです。

第11回
東電救済と《電気》供給への国家の責任

その1
同じ天災→二万人犠牲の責任と放射能漏れ事故責任、どうして《責任主体》が違うのか？

森山貫太郎先生が、本の原稿を纏めている3人の学生から、纏めた案を受け取って、考え込んでいました。

それは、彼が《電気》は今や日本人は、水や空気と同じく〔公共物〕であり、電気が無ければ生きていけないこと。さらに公共物である以上は、《廉価》すなわち電気料金は安くなければ、公平に使えないこと。

この二つを諦めたような政治は、間違っていると今朝の新聞を見て、真剣に考え始めたからです。

今朝の新聞というのは、福島第一原子力発電所の事故処理の責任を全て負わされたかたちの、東京電力再建策を政府が発表し「公的資金を一兆円」とりあえず投入するということと、それに電気料金を（標準家庭で）月四百八十円値上げするという記事が、各紙のトップ記事読んだからです。

とうとう、政府は電力会社に全て責任を負わせました。すなわち、今回の未曾有の地震・ツナミの事故の責任を、原子力発電についてだけは、膨大な東電の株主と投資家並びに「電気の利用者」にその損害の責任を、政府の命令で取らせたということです。

貫太郎先生が考え込むのは、では一体あの同じ地震とツナミでおよそ二万人もの犠牲者が、岩手・宮城・福島・茨城などの各県で出た。ところが、その責任は誰がどう取ったのか？

二万人の言う大変な方々の《命が奪われた責任》は、結局は大きく考えれば「国家」と国民が、自治体や政府の弔意、それに復興計画やボランティア活動などまで含めて全て、責任を取ったことになります。

この、二つの点についての解決策が全く違う。貫太郎先生は、どうして日本人は

「どう考えても理屈に合わないこと」、こんな大きな違いを平気でするのだろうか。

彼が天を仰ぎ、考え込んだのは、この余りにも大きな同じ日本人の理解の違いが、何処からまた何故生じるのだろうかという点です。

やっぱりこれも《風評被害》だなと、貫太郎先生は結論付けました。その最大の原因は、次のとおりです。

【前兆】一国のトップである総理大臣が、二万人もの犠牲者と数百万人に影響を与えた地震とツナミの状況をよそ目に、〔怖いもの見たさの心境でか〕事故を起こしている原発に飛び込んだ姿→世界のマスメディアがそれを捕らえ、日本国中だけでなく世界中を駆け巡りました。

↓

【現実化】その直後、発電所建屋の水素爆発で放射性物質が屋外に漏れたとの報道が、原発事故の怖さを不安がる大衆心理を掻ぎ立て→即応して茨城県知事などの農産物出荷停止措置宣言等が、「放射性物質が現実に住民の身の回り生じている」という真に怖いという印象が、大衆心理となって蔓延していきました。

このため、殆ど関係が無いような、例えば東京都内で放射性物質が見付かったと大騒ぎになったり、突然学校のプールの水が、ガイガーカウンターで測ったら一ミリシーベルト以上だったというので、使用を禁止したりという大騒ぎになりました。マスメディアが、こうして放射性物質の影響が実際には不明なのにも拘わらず毎日のように報道します。端から、原子力を忌避している専門家・学者と称する人たちの、被爆の恐ろしさの語り草が、同じように報道されたり、本に書かれたりしました。

↓

【東電の犯罪的印象本格化】国会での与野党を含めた原発事故追求が、「未曾有の天災だ」ということへの一切の議論も無く（むしろ、天災ではなく人災だという考え方さえ前面に匂わせながら）「第一次責任は東電」、よって「損害賠償は全て東電に負わせるべし」との、大合唱となっていきました。

↓真に単純に〔脱原発〕は当然という考えが当たり前との発言にさえなりました。

（注）原子力損害賠償法第3条の規定但し書きに「自然災害等不可抗力の場合は、事業者の責任ではない」とわざわざ規定されて居りますが、国会でこの点を質問された菅首相は「天災すなわち不可抗力とは、宇宙からいん石が吹き飛んできたような場合」などと、とても信じられ

ないような答弁をしました。

【終着】よって、損害賠償は東電が責任を持ってやるのが筋との考え方になって仕舞いました。

こうして、事業者すなわち東京電力を一次損害賠償者と決め付ける、新たな原子力損害賠償規定が国会で成立しました。

東京電力は、百万件以上という賠償請求を数千人を動員して、請求内容をチェックし支払いに懸命に努力しています。

後ほど述べますが、本来これは国家としての義務であります。今その代行を、東電が行っているということでしょう。

その2
福島第一原子力発電所四基の事故処理と、他の五十基の処理を完全に切り離して処置すべし

とにかく今回、原子力発電所から放射性物質が漏れたという重大事態を、政府の対応は最初から

←

1・「東電は悪者」という意識で処理する

又は

2・電力会社の株主や投資家など「資本家」が、原子力導入を選択したのが間違い

この2点を、事故処理の前提にしていることが、果たして正しいのかということは、全く検証されずに損害賠償の処理が一方的に進められています。

3・このため、全く天災事故と関係の無い他の電力会社までが、種々取り上げられて、「とにかく原子力発電を行ってきた電力会社は同等の罪が在る」というような見方が、世論として出てきています。

正に日本人の、「過剰防衛」的状況がここにも現れていると言えます。

《福島第一と他の五十基を切り離せ》

貫太郎先生の提言は、未曾有の事故に見舞われた「福島第一」の四基の原子力と、他の原子力発電所とは完全に切り離して、「本来の低廉な《公共物「電気」》の役割を、早々に果たさせるべしということです。

〈何故か？〉

大雑把な計算だが……

1・東電が今、国に代わって〔風評被害を含め〕、全て福島原発からの「放射性物質漏れによる被害」の損害賠償を行っていますが、そのトータルの政府からの借入金

↓〔約二兆円／年間〕

2・一方東電福島の事故と切り離せず、運転を停止している全国五十基の原子力発電所の代替石油・石炭・天然ガスの「増分燃料代」プラス「CO2約一億五千万t増加分の排出権代」はどのくらいになるのか

↓〔合計約九兆円／年間〕

どうでしょうか。誰が考えても、今の国民の選択は間違っていないと、どうして言えるのでしょうか。

こんなことをしているようでは、日本の中小企業も、一般国民も〔自ら怖いからと言って停めた原子力を忌避する代償〕は、とんでもなく大きいことを早く真剣に悟るべきです。

第12回
放射能知識の正しい教育徹底と、《電気》の地域別安定供給の必要性

その1
「日本の国土と放射能」

森山貫太郎先生が、最も不可解だと話すのは、日本人の放射能という言葉への〈逃避的反応〉ということについてです。

それは、放射能とか放射性物質とかいうような話は、なるだけ避けたい、或いは話したくもないという、一種の「拒否反応」在るという点です。

それは日本人が、放射性物質についての知識が未熟すなわち「十分に在るとは思えない」にも拘らず、何故かということを考えなければなりません。

その《何故か》ですが←

それは間違いなく、六十年前に廣島と長崎に米軍が落とした原子爆弾から放射能が

漏れた←

原子爆弾の放射能は「原子核の分裂」だから、同じ濃縮ウラン」を使用している原子力発電所は、その同じ《放射性物質のウラン》を燃料としている←

従って、発電所は「放射性物質を抱え込んでいる」

↓だから「発電所は危険」

↓危険な」話はしたくない、という「感情」と「考え方」の流れになっている。

↓そこが、最大の要因ということです。

↓よって、どういう放射性物質で、どのような程度のものか、どうした状況に在るのか等は全く関係無しに、「何しろ原爆も原発も怖いもの」という、放射能恐怖症的な言葉に乗せられて↓放射能は漏らした原子力発電所と東京電力は《悪人》という↓風評と感情論。

←

これが、最大の原因だと言えます。

だが、よく考えて見てください。

←

＊あれほど、もう不毛の広島は蘇らないと言われたが、数年後には、見事に復活した。（原子爆弾は許されない。だが原爆で亡くなられた方の原因のうち、放射能被害は一五％で多くは熱風によるものといわれます）

＊日本列島は、生まれた時から火山と地震の国。よって、地球上の他の国よりも、放射性物質の濃度は自然体で高い場所なのです。その証拠に、ラジウム温泉は放射性物質が在るから、良い温泉と言われるくらいです。

しょっちゅう温泉に行かれる方は、多分普通の方よりも沢山放射性物質を自分の体に取り込んでいるわけです。（ラジウムは、最終的にラドンに変化）

＊森山貫太郎先生のように、殆ど毎週のように飛行機に乗り一万m以上の成層圏を通っている人は、毎回数ミリシーベルトの放射能を浴びています。

↓その貫太郎先生が一郎君たちにある時、「元々地球の誕生は、放射能の海の中からうまれ出たものだ。よって、今でもわれわれが宇宙に飛び出すには、放射能を克服するという智恵が無いと、とてもこれからの宇宙時代は生きていけない……と話して呉れたことがありました。

↓よって、貫太郎先生に言わせると、「人間は、放射能と程好い共存をして来たから、放射能に在る程度耐えうる体質を持っている」→《賢く怖がり、利用すべし》と述べたことがあったが、もっとわれわれはそれこそ《賢く》単に怖がらず勉強すべきだということです。

その2
電気の地域別安定供給の必要性
――《電気》と水は地域別に安定して置くべし

電気の供給が、全国で安定的に供給されるようになっていないのは、過去の地域独占的電気事業の「弊害」だという、専門家や学者の理屈を取り入れた、最近の政府や政治家の主張だと、マスメディアは盛んに喧伝しております。

しかしこういう考え方は、《電気》が今や間違いなく私どもの「日常生活の必須手段」であり、無くても済むものとは全く違うことを〔無視〕した考えです。

得てして、「欧米では自由競争出来ることが導入されている」とか、「競争参入がし易いように送電線が独立して管理されている→それを見習え」とか、さらには「自然エネルギー生産者や独立電気事業者が、電気事業の地域独占によって阻まれているのはよく無い」などという、真に尤もらしい意見が飛び交います。

如何にも、従来に日本の電気事業体制が独占的既得権益を貪っている、という印象がこうした意見によって拡大宣伝の材料になっております。

電気事業者が、徹底的に叩かれる仕組みです。←

こうして世論に対し、やはり「電力は如何にも官僚的で横暴」という強烈な印象を抱かせることになってしまい、挙句の果てに《電気事業者のいうことは信用できない》というレッテルが貼られる始末です。←

だが、「よく考えて見てください」と貫太郎先生は言いました。←

《電気》は、われわれが生きていくために必要な《水》と同じではないですか→そうでしょう。

だとすれば、日本という国のように一千五百ｋｍ〜、二千ｋｍに亘って「地域別に細長い国家」では、正に地域別に分けて低廉性と安全性を固めなければ、国民（住民）の本当の《安心》は生まれません。

──→電力会社が「地域独占」するのが決して目的ではなく、あくまでも「低廉で安定供給するために《但し「私企業」による活性化》を期待し」〔電気の特性〕を踏まえて、《発送電一貫体制》が、取られてきております。←

わが国《電気事業の「不易」》なものとは、このことだと貫太郎先生は結論付けました。

あとがき

前回の出版以来、本当に必要なエネルギー源としての《電気》について、日本国民が誰でも読んで頂き真に理解してもらうために、工夫して書いたものが、やっと何とか出来上がりました。

「12回」に亘って、創作上の人物である大学教授の森山貫太郎先生のレクチャーという、工夫をしてみました。

この先生の主張である、「今や公共物でなければ意味が無い《電気》」を、如何に低価格で供給するかということ、そのために日本の政治と政府が経済産業をしっかり支援していく方策として、何が最も重要かを検討して来ました。

その結果、結論はいうまでもなくわが国は「エネルギー資源が無い」という現実認識の上で、過去五十年以上の歴史を経て、確実に〔公共物〕としての《電気》を生産するには、今後とも原子力発電を主体に、「出来るだけ低廉に電気を生産し確保していかなければならない」という、主題を展開してみました。

特にわが国の、こうした厳しい選択の流れを無視することは、国家そのものの存立さえ危ぶまれる結果と成ることを、種々立証して来ました。

日本人の知性が今、ポピュリズムから目覚める時が来たのではないでしょうか。電気を使う人の品格が問われているのです。

その一つにホラー話として、森山貫太郎教授に語って貰ったことが、重要な課題であり大きなヒントだと思います。是非とも、「第6回」を読んでみてください。そこからは、原子力発電を止めたことによる大変な運命が待っているということを、汲み取って頂けると思います。

このように今回は、《電気》は文明社会の《公共物》ということを主張の原点において、如何に原子力発電が重要かという点に焦点を絞りました。

したがって今回私どもは、放射性物質の問題や電気事業体制の問題については、【第1回】で簡単に述べましたが、敢えて本格的な取り上げ方をしておりません。

改めて、続編においてそうして重要問題を取り上げ研究していきたいと思っております。なお、〔公共物〕というものの範囲は、広義には単に水・主食・電気の三つだけでなく、道路・河川橋梁・鉄道・運輸・港湾・空港など幅広く考えるべきだと考えております。こうしたことも、次回以降研究検討していく予定です。

最後に、この本の題材は主として、前回の『クリーン・エネルギー国家の戦略的構築』作成において紹介した、〔二十一世紀型寺子屋研究会（石原進塾頭）〕のメンバー各位に対し、読者の方々から多くのご意見を頂いたことを、お伝えしておきます。

真にありがとうございました。そうした沢山のご批評ご卓見を踏まえまして、今回新たに作成の組み立て方を工夫してみた次第であります。その意味で、関係者には心から感謝をいたします。

また、総合経済誌「財界」の主幹である村田博文氏、それに畑山崇浩編集委員と私の秘書である廣田順子さんには原稿の整理と出版手続きなど、種々お世話になったことを感謝致します。

【著者紹介】
永野　芳宣（ながの・よしのぶ）
1931年生まれ。東京電力常任監査役、特別顧問、日本エネルギー経済研究所研究顧問、製作科学研究所長・副理事長、九州電力エグゼクティブアドバイザーなどを経て、福岡大学客員教授。他にイワキ（株）特別顧問・メルテックス相談役、正興電機製作所経営諮問委員会議長、立山科学グループ特別顧問、TM研究会代表幹事などを務める。
■主な著者
『小泉純一郎と原敬』（中公新書）、『外圧に抗した男』（角川書店）、『小説・古河市兵衛』（中央公論新社）、『「明徳」経営論 社長のリーダーシップと倫理学』（同）、『物語ジョサイア・コンドル』（同）、『日本型グループ経営』（ダイヤモンド社）、『日本の著名的無名人Ⅰ～Ⅴ』（財界研究所）、『9・11《なゐ》にめげず』（同）、『クリーンエネルギー国家の戦略的構築』（同、南部鶴彦、合田忠弘、土屋直知との共著）、『ミニ株式会社が日本を変える』（産経新聞出版）ほか、論文多数。

【監修者紹介】
石原　進（いしはら・すすむ）
1945年生まれ。69年東京大学法学部卒業、日本国有鉄道入社。2002年九州旅客鉄道（JR九州）社長に就任。09年会長。他に九州経済同友会代表委員など。

電気の正しい理解と利用を説いた本

2012年6月29日　第1版第1刷発行

著者　永野芳宣
監修　石原進
発行者　村田博文
発行所　株式会社財界研究所
［住所］〒100-0014　東京都千代田区永田町2-14-3 赤坂東急ビル11階
［電話］03-3581-6771
［ファクス］03-3581-6777
［URL］http://www.zaikai.jp/

印刷・製本　凸版印刷株式会社

ISBN 978-4-87932-086-5
定価はカバーに印刷してあります。